环境规划与生态化建设

陆 海 刘明海 李 楠 主编

U0271035

汕頭大學出版社

图书在版编目（CIP）数据

环境规划与生态化建设 / 陆海，刘明海，李楠主编
. -- 汕头 ： 汕头大学出版社，2023.3
ISBN 978-7-5658-4986-2

Ⅰ．①环… Ⅱ．①陆… ②刘… ③李… Ⅲ．①环境规
划—研究②生态环境建设—研究 Ⅳ．① X32 ② X171.4

中国国家版本馆 CIP 数据核字（2023）第 058165 号

环境规划与生态化建设
HUANJING GUIHUA YU SHENGTAIHUA JIANSHE

主　　编：陆　海　刘明海　李　楠
责任编辑：陈　莹
责任技编：黄东生
封面设计：姜乐瑶
出版发行：汕头大学出版社
　　　　　广东省汕头市大学路 243 号汕头大学校园内　邮政编码：515063
电　　话：0754-82904613
印　　刷：廊坊市海涛印刷有限公司
开　　本：710mm×1000mm　1/16
印　　张：10.25
字　　数：180 千字
版　　次：2023 年 3 月第 1 版
印　　次：2023 年 4 月第 1 次印刷
定　　价：46.00 元
ISBN 978-7-5658-4986-2

前 言
PREFACE

　　人类的社会活动具有目的性、依存性和继承性，只有通过有组织的管理活动才能协调一致，实现既定目标，在社会分工协作不断深化的现代社会尤为重要。作为一种社会管理活动，环境保护也不例外，因此一般认为环境管理即是运用计划、组织、协调、控制、监督等手段，为达到预期环境目标而进行的一项综合性活动。

　　环境规划是环境保护的重要内容之一，是环境科学与系统学、预测学、社会学、经济学、技术科学、工程学、计算机科学有机结合的产物，是预防环境问题产生的有效手段，是建设资源节约型、环境友好型和谐社会和实现可持续发展的重要保证。

　　环境生态学是生态学和环境科学之间的重要桥梁，是生态学的重要应用方向之一。环境生态学是研究在人为干扰下，生态系统内在的变化机理、规律和对人类的反效应，寻求受损生态系统恢复、重建和保护对策的科学，即运用生态学理论，阐明人与环境间的相互作用及解决环境问题的生态途径。因此，环境生态学既不同于以研究生物与其生存环境之间相互关系为主的经典生态学，也不同于只研究污染物在生态系统中的行为规律和危害的污染生态学，不同于研究社会生态系统结构、功能、演化机制以及人的个体和组织与周围自然、社会环境相互作用的社会生态学，它是解决环境污染和生态破坏这两类环境问题的重要技术部分。因此，要想做好生态化建设，必须重视环境生态规划与环境生态技术。

　　本书首先介绍了环境规划的基本知识；然后详细阐述了生态建设与环境监测、辐射等内容，以适应环境规划与生态化建设的发展现状和趋势。本书内容主要包括环境规划概论，环境规划管理，环境规划的生态理论，生态环境规划，水质、土壤及生物污染的监测，突发环境污染事故监测。

　　本书突出了基本概念与基本原理，在写作时尝试多方面知识的融会贯通，注重知识层次递进，同时注重理论与实践的结合。希望可以对广大读者提供借鉴或帮助。

　　由于时间所限，错漏之处在所难免，敬请读者批评指正，并在阅读和使用中提出宝贵意见，以便不断修订与完善。

目　录
CONTENTS

第一章 环境规划概论

第一节 环境系统与环境问题

一、环境与环境系统

（一）环境

环境是相对于某项中心事物，作为某一中心事物的对立面而存在，也就是相对于中心事物的背景。它因中心事物的不同而不同，随中心事物的变化而变化。在环境科学中，环境指的是以人为主体的外部世界，即人类生存、繁衍所必需的、相适应的环境或物质条件的综合体，主要是地球表面与人类发生相互作用的自然要素及其总体。它是人类生存发展的基础，也是人类开发利用的对象。

（二）环境系统

环境系统是指环境内各种环境因素及其相互作用的总和。它是一种具有独特形态、结构和特定功能的物质信息系统，是自然环境要素与人类活动要素相互作用的过程中形成的复杂综合体。自然要素与人文要素之间的主要关系表现为人类通过各种活动对自然环境的污染、破坏、调节、控制和改造，以及自然环境对人类的反馈作用。环境系统是人类社会和自然界普遍存在的一种自然信息系统，具有区域性、多元性、层次性、相关性、制约性、模糊随机性和高度综合性等特点。从大体上可以分为人工环境系统、地质环境系统、建筑环境系统、生态环境系统及能源环境系统等。现行的研究是从地球整体环境系统（大气、大陆、海洋和冰雪子系统等）和圈层（岩石圈、水圈、生物圈和大气圈）各因子相互作用和耦合过程的角度，在全球和区域层次上开展大陆环境系统不同尺度时空变迁规律和机制的研究。

（三）环境特性

无论从何种角度，环境都具有共同的特性。首先，环境是一个以人类社会为主体的客观物资体系，对人类社会的生存和发展既有依托作用，又有限制作用，因此有合适与否或优劣之分。其次，环境是一个有机的整体，不同地区的环境由若干个独立组成部分，以其特定的联系方式构成一个完整的系统。

环境还有明显的区域性、变动性特征。区域性在于不同层次或不同空间的地域，其结构方式、组成程度、能量物资流动规模和途径、稳定性程度等都具有相对的特殊性，从而显示出区域特征。环境的变动性是指在自然和人类社会行为的共同作用下，环境的内部结构和外部状态始终处于不断变化的过程中。当人类行为作用引起的环境结构与状态的改变不超过一定限度时，环境系统的自动调节功能可以使这些改变逐渐消失，使结构和状态恢复原有的面貌。也就是说，人类通过自己的社会行为可以促进环境的定向发展，也可能导致环境的退化。

二、环境问题

（一）环境问题及其分类

1.环境问题

环境问题就其范围大小而论，可从狭义和广义两方面理解。狭义的环境问题是指在人类社会经济活动作用下，人们周围环境结构与状态发生不利于人类生存与发展的变化；广义的环境问题是指任何不利于人类生存和发展的环境结构与状态的变化。

2.环境问题分类

环境问题按发生的先后和发生的机制可分为原生环境问题、次生环境问题和社会环境问题。

原生环境问题也称第一类环境问题，是自然界本身的变异所造成的环境破坏问题，即自然界固有的不平衡性，如自然条件的差异，自然物质分布的不均匀性，太阳辐射变化产生的台风、干旱、暴雨，地球热力和动力作用产生的火山、地震等，以及地球表面化学元素分布的不均匀性导致局部地区某种化学元素含量的过剩或不足所引起的各种类型生物地球化学性疾病，都可称为原生环境问题。原生环境问题主要靠发展生产、提高科学技术水平去解决。

次生环境问题也称第二类环境问题，是由人类的社会经济活动造成对自然环境的破坏，改变了原生环境的物理、化学或生物学的状态，如人类工农业生产活动和生活过程中废弃物的排放造成大气、水体、土壤、食品的物质组分变化，对矿产资源不合理开发造成的气候变暖、地面沉降、诱发地震等，大型工程活动造成的环境结构破坏，对森林的乱砍滥伐、草原的过度放牧造成的沙漠化问题，不适当的农业灌溉引起的土壤变质，动物的捕杀造成种群的减少问题等。次生环境问题又可分为环境破坏和环境干扰两类：环境破坏主要指人类的社会活动引起的生态退化及由此而衍生的有关环境效应，它们导致环境结构与功能的变化，对人类的生存和发展产生不利影响；环境干扰是指人类活动所排出的能量进入环境达到一定的程度时，对人类产生不良的影响。

社会环境问题是指人口发展、城市化以及经济发展带来的社会结构和社会生活问题，如人口无计划地增长带来住房紧张、交通拥挤、燃料和物质需求供应不足等问题而降低生活质量，风景区及文物古迹的破坏等。这些社会环境问题又称第三类环境问题，属于社会科学研究的范畴。

原生环境问题和次生环境问题在许多情况下常是难以截然分开的，它们之间往往存在着某种因果联系和相互作用。例如，我国北方地区近年来大面积的土地沙化、持续干旱和沙尘暴肆虐的自然灾害，正是由于人为地毁林毁草、过度采伐导致天然植被大幅减少，生态系统严重失衡。从这一角度分析，次生环境问题恰恰构成了原生环境问题的成因，并使得原生环境问题的发生频率和危害程度不断增加。

环境问题按出现的地域范围可分为区域性环境问题和全球性环境问题。环境问题主要是由区域内人群活动造成的，也与区域外人群活动造成的影响密切相关。我国具有普遍的区域性环境问题是：环境污染、资源的过度开采和利用以及不合理的大型工程行动造成的局部地区资源枯竭和生态环境恶化。区域性环境问题的积累效应导致全球性环境问题，全球性环境问题直接威胁人类和生物界的生存繁衍。为了解除困扰，人类的可持续发展战略应运而生。

（二）环境问题产生和表现

1.环境问题产生和发展

随着人类的出现，生产力的发展和人类文明的提高，环境问题也相伴产生，并由小范围、低程度危害，发展到大范围、对人类生存造成不容忽视的危害；由轻度污染、轻度危害向重污染、重危害方向发展。依据环境问题产生的先后和轻重程度，环境问题的发生与发展可大致分为三个阶段。

（1）环境问题的产生与生态环境早期破坏。此阶段包括人类出现以后直至产业革命的漫长时期，所以又称早期环境问题。可以说，在原始社会，由于生产力水平极低，人类依赖自然环境，以采集天然动植物为生。此时，人类主要是利用环境，而很少有意识地改造环境；因此，虽然当时已经出现环境问题，但是并不突出，而且很容易被自然生态自身的调节能力所抵消。奴隶社会和封建社会时期，由于生产工具不断进步，生产力逐渐提高，人类学会了驯化野生动物，出现了耕作业和渔牧业的劳动分工，即人类社会的第一次劳动大分工。由于耕作业的发展，人类利用和改造环境的力量与作用越来越大，同时也产生相应的环境问题。大量砍伐森林，破坏草原，引起严重的水土流失；兴修水利事业，又引起土壤盐渍和沼泽化等。例如，西亚的美索不达米亚和我国的黄河流域是人类文明的发源地，但是由于大规模毁林垦荒，造成了严重的水土流失。

（2）城市环境问题突出和"公害"加剧。在瓦特发明了蒸汽机之后，迎来了英国产业革命，使生产力获得了飞跃的发展，特别是工业的发展，产生和形成许多新城市，老城市也逐渐发展扩大。结果大批农民流入城市，城市人口迅速增加，因而城市的规模和结构布局也迅速扩大和变化。在产业化（主要是工业化）和城市化的发展过程中，出现了城市病这样的环境问题。

城市病就是城市基础设施落后，跟不上城市工业和人口发展的需要。城市基础设施主要是水（供水、排水）、电（供电、电讯）、热（供热、排热）、气（供气、排气）、路（道路和交通），此外还包括环境建设、城市防灾、园林绿化等。城市基础设施是城市社会化生产和居住生活的基本条件。城市基础设施落后，就会出现交通拥挤、供水不足、排水不畅、电灯不亮、电话不通、"三废"成灾、污染严重等城市病的症状。

（3）全球性大气环境问题。这一阶段环境问题的核心是与人类生存休戚相关的全球变暖、臭氧层破坏和酸沉降三大全球性大气环境问题，引起了各国政府和全人类的高度重视。与前次环境问题高潮相比，本次高潮有很大不同：

第一，影响的范围与性质不同。前次高潮只是小范围（如城市、河流、农田）的环境污染问题；而当前出现的高潮，则是大范围的乃至全球性的环境问题。其性质不仅对某个国家、某个地区造成危害，而且对人类赖以生存的整个地球环境造成危害。由此是致命性的，又是人人难以回避的。这也就是国际社会对此大声疾呼的原因。

第二，人们关心的重点不同。前次人们关心的是环境污染对人体健康的影响，环境污染虽然也对经济造成很大损害，但问题还不突出，因此没有引起人们应有的重视。当前出现的高潮也包括了对人类健康的关心，但是更强调了生态破坏对经济持续发展的威胁。

第三，重视环境问题的国家不同。前次环境问题高潮主要出现在经济发达国家，而当前出现的环境问题，既包括经济发达国家，也包括众多的发展中国家。发展中国家不仅认识到国际社会面临的环境问题已休戚相关，而且本国面临的诸多环境问题，像植被破坏和水土流失加剧造成的生态恶化循环，是比发达国家的环境污染更大、更难解决的环境问题。因此必须调整自己的发展战略，认真对待环境保护问题。

第四，解决环境问题的难易程度不同。前次高潮出现的环境问题，污染来源较少，只要采取措施，污染就可以得到控制和解决。而当前出现的环境问题，污染源和破坏源众多，不仅分布广，而且来源杂，既来自人类的经济活动，又来自人类的日常活动；既来自发达国家，也来自发展中国家。解决这些环境问题只靠一国的努力很难奏效，需要众多的国家，甚至全球的共同努力才行，这就极大地增加了解决问题的难度。就治理技术而言，过去的环境问题可以使用常规技术解决，而当前的环境问题却需要许多新型技术。而且，迄今为止，有些环境问题还缺乏经济、高效的新型治理技术。两次环境问题高潮的不同，正说明第二次环境问题高潮的性质更严重，范围更广，人们关心的方面更多，重视环境保护的国家更普遍，更难以解决。

综上所述，环境问题是随着经济和社会的发展而产生和发展的，老的环境问题解决了，又会出现新的环境问题。人类与环境这一对矛盾是不断运动、不断变化、永无止境的。

2.环境问题表现

环境问题主要表现为环境污染和生态破坏两大类。环境污染是由于人类任意排放废弃物和有害物质，引起大气污染、水污染、土壤污染、固体废弃物污染、噪声污染、放射性污染以及海洋污染，从而导致环境质量下降，危害人体健康。生态破坏是由于人类对环境的破坏，环境退化，从而影响人类生产和生活，如滥伐森林，使森林的环境调节功能下降，水土流失、土地荒漠化加剧；由于不合理的灌溉，土壤盐碱化；由于大量燃煤和使用消耗臭氧物质，导致大气中二氧化碳的含量增加和臭氧层的破坏；由于生物的生存环境遭到破坏或过度捕猎等，加剧了物种的灭绝速度等。

尽管环境问题在各个不同国家和地域有着各自不同的表现，但它的严峻性和全球性最终危害到全人类的利益，其典型表现在以下7个方面。

（1）全球气候变暖。工业革命以来，由于人类生产生活方式的变化，石油、煤炭等矿物燃料和农用化肥被大量使用，大气中的温室气体浓度急剧增加，地球表面温度不断上升，在过去100年中，地球表面温度上升了0.3～0.6°C。全球气候变暖给人类带来的绝不仅是一个"暖风熏得游人醉"的冬天，人类的整个生存环境将面临严峻的考验。

（2）酸雨和酸性降水。酸雨产生的原理非常简单，大气中的二氧化硫和氮氧物与水蒸气结合便形成硫酸或硝酸等，这些酸再以雨、雪、雾的形式落回地面或直接从空气中沉积到植物或建筑物上，并产生酸蚀作用。导致酸雨的废气不仅来自工业生产方式（如以煤作为主要能源），也来自人们的生活方式（如汽车等运输工具的大量使用）。慢慢地酸雨的危害全面呈现出来，受污染的淡水江河湖泊pH降低，鱼类减少，森林、农作物死亡，土壤变酸，建筑物受侵蚀，人们的饮用水质量也下降。

（3）臭氧层的破坏。美国国家航空航天局（NASA）科学家在南极洲上空观测到一个规模巨大的臭氧层空洞，面积达到2830万平方公里，相当于美国领土面积的3倍，这是迄今观测到的最大的臭氧层空洞，也是南极洲上空臭氧层严重受损的征兆。臭氧层空洞是因人类使用如含氯氟烃等化学药品而导致保护地球的臭氧严重受损而引起的，如果没有臭氧层的保护，到达地面的紫外线辐射就会达到使人致死的程度，整个地球生命就会像失去空气和水一样遭到毁灭。

（4）水资源的短缺和污染。随着人口膨胀与工农业生产规模的迅速扩大，全球淡水用量飞速增长，用水量正以每年4%～8%的速度持续增加，淡水供需矛盾日益突出，在水资源短缺越发突出的同时，人们又在大规模污染水源，导致水质恶化。

（5）高速增长的城市生活垃圾污染。由于城市居民生活水平的日益提高，产生超出城市卫生管理能力的大量生活垃圾。这些未收集和未处理的垃圾腐烂时会滋生传播疾病的害虫和昆虫，垃圾中的干物质或轻物质随风飘扬，又会对大气造成污染。如果垃圾随意堆积在农田上，还会污染土壤。此外，垃圾中含有汞（来自红塑料、霓虹灯管、电池、朱红印泥等）、镉（来自印刷、墨水、纤维、搪瓷、玻璃、镉颜料、涂料、着色陶瓷等）、铅（来自黄色聚乙烯、铅制自来水管、防锈涂料等）等微量有害元素，若处理不当，就有可能随雨水渗入水网，流入水井、河流以至附近海域，被植物摄入，再通过食物链进入人的身体，影响人体健康。

（6）土壤资源退化。在过去几十年间，全球大约12亿公顷的有植被覆盖的土地发生了中等程度以上的土壤退化，相当于我国和印度国土面积的总和，其中3亿公顷土地发生了严重退化，其固有的生物功能完全丧失。土壤资源退化的最主要方式是土壤侵蚀、盐碱化和荒漠化。

（7）生物多样性灭绝。近几十年来，物种灭绝的速度显然加快了。生物多样性的减少，必然造成生态环境恶化，生物资源匮乏，社会经济发展失去物质基础，人类生存出现危机。因此，保护生物多样性刻不容缓，保护生物多样性就是保护人类自己。

三、环境问题变化趋势

原来的环境问题仅表现为地区性或区域性的环境污染与生态破坏，近年来这些问题在局部地区，尤其在发达国家得到了较好的解决。但是，从世界范围和从整体上来看，环境污染与生态破坏问题并未得到解决，仍在不断恶化，并且打破了区域和国家的界限，演变为全球的问题，引起了世界各国的普遍关注。当前人类面临的环境问题变化趋势主要有以下几个方面。

第一，全球性，广域性的环境污染：如全球气候变暖，臭氧层耗竭，大面积的酸雨污染，淡水资源的枯竭与污染。

第二，大面积的生态破坏：如生物多样性锐减，土壤退化及荒漠化正在加速，森林面积锐减等。

第三，突发性的严重污染事件和化学品的污染及越境转移。

这些环境问题具有共同特征：一是其影响范围明显扩大，都表现为大范围的乃至全球性的环境污染和大面积生态破坏；二是污染事件的突发性及其危害后果明显严重，而且全球性的环境污染和生态破坏已威胁到全人类的生存与发展，阻碍经济的持续发展；三是污染源来源的众多性，污染源和破坏源不但分布广，而且来源杂，解决这些问题只靠一个国家很难奏效，要靠众多国家，甚至全人类的共同努力才行，这就极大地增加了问题的难度。

此外，一些先进技术、材料和产业的发展给环境带来很大的影响。例如，生物克隆技术的发展，使得大量的转基因生物开始出现，许多新型材料的应用以及IT业的长足发展，带来大量的信息垃圾或计算机垃圾，势必引发新的环境问题。

四、环境问题实质与解决途径

（一）环境问题实质

环境问题就其性质来说具有不可根除性和不断发展的属性，它与人类欲望、经济发展、科技进步同时产生、同时发展，因此"随着科技进步、经济实力的雄厚，人类环境问题就不存在"观点是十分幼稚的。

1.人口压力

人口持续增长对物质资料的需求和消耗随之增多，最终会超出环境供给资源和消化废物的能力，进而出现种种资源和环境问题。

2.资源的不合理利用

随着世界人口持续增长和经济迅速发展，人类对自然资源的需求量越来越大，而自然资源的补给、再生和增殖是需要时间的，一旦利用超过了极限，要想恢复是困难的，特别是不可再生资源，如盲目扩大耕地面积、毁林开荒、任意修筑堤坝和道路等，结果使生态系统遭到破坏。

3.片面追求经济的增长

传统的发展模式关注的只是经济领域活动，采取以损害环境为代价来换取经济增长的发展模式，其结果是在全球范围内相继造成了严重的环境问题。从环境问题产生的主要原因可以看出，环境问题是伴随着人口问题、资源问题和发展问题而出现的，这四者之间是相互联系、相互制约的。从总体上讲，环境问题的本质就是发展问题，是在发展的过程中产生的，必须在发展的过程中解决。

（二）环境问题的解决途径

1.坚持可持续发展的战略，树立人与自然和谐的新观念

人类活动必须遵循生态系统，在新的生态价值观指导下，对自然界进行合理开发和科学的管理，同时开展以循环经济为特征的生态工业和生态工业园（区），来达到结构优美、高效、持续的生态区域、生态城市。任何凌驾于自然之上，把人和自然对立起来的意识是绝对错误的。

2.提倡清洁生产，尽快建立生态工业园（区）和生态农业

采样清洁生产工艺从源头上控制污染物的产生，同时缩减生产产品的能耗，形成一个清洁生产、生态工业、循环经济，生态工业园（区）的崭新局面。农业也要用生态学原理指导，运用现代科技和方法建立发展起来的一种多层次、多结构、多功能的农业生态系统。

3.坚持生态环境保护，建设生态城市

城市化的发展也会带来许多城市病，克服城市发展带来的弊端就是要走生态城市的道路，建山水城市、园林城市。

4.依靠先进科学技术，坚持污染防治与生态环境保护并重

必须坚持环境保护优先、预防为主，要彻底改变过去的先发展后治理的模式，经济发展必须要遵循自然规律，绝不允许以牺牲生态环境为代价，去换取眼前和局部的利益。总之，环境问题的解决必须同时考虑环境与经济，以求达到双赢，这就是可持续发展道路，相信人类完全可以解决自身发展所带来的问题。

第二节　环境规划的定义及发展

一、环境规划的定义

环境规划是人类为了使环境与经济社会协调发展而对自身活动和环境所作的时间和空间的合理安排。环境规划的定义规定了环境规划的目的、内容和科学性的要求。

世界环境与发展委员会在《我们共同的未来》报告中，提出"可持续发展"的概念，既满足当代人的需求，又不危及后代人满足其需求能力的发展。这一永续利用、持续发展的思想，在联合国环境与发展会议所通过的《21世纪议程》中，成为世界共同追求的发展战略目标。环境与发展的协调问题被提到如此的高度，这在人类历史上是空前的。它也成为环境规划应遵循和追求的战略思想和根本目标。

从可持续发展的理念来看，环境资源是稀缺的，环境的纳污能力是有限的。环境质量以及自然环境对人类所能提供的服务功效，比过去人们在发展规划和经济管理中所假定的重要得多。它为每个人提供了维持生命、身体健康和保障生活质量所必需的条件，因此，一定的环境质量和一定的自然资源，是服务人类健康和福利的基础；同时也为经济过程提供所需的投入，保障经济持续发展的基础。

国际公害研讨会发表的《东京决议》，把每个人享有的不受侵害的环境权利，以及现代人应传给后代人富有自然美的环境资源的权利，作为基本人权的一项原则，即每个人、每个地区、每个国家都有享受良好、安全适宜的生活环境的权利。这种环境权表现在两个方面：一方面表现为对环境具有享用其自然生态功能的权利，属于天赋人权（道义上的集体性权利），从道义上说任何人不应剥夺享用权；另一方面表现为权利的主体，可以在法律规定范围内具有对自然资源和环境资源占有或使用而获得收益的经济权利，这种权利属于人赋人权，显然人赋人权的法律性规定是一种政府干预的过程，它建立在社会公正的基础上，这种环境经济权的享用又是权利和义务的统一体，享用环境资源的同时又必须履行其保护环境不受损害的义务。保障人们享用环境权和公正地规定享用环境经济权时所应遵守的义务，就成为环境规划的基本出发点。而环境规划的基本任务应是依据有限的环境资源及其承载能力，对人们的经济和社会活动具体规定其约束和需求，以便调控人类自身的活动，协调人与自然的关系。

需要指出在约束人们经济和社会活动问题上，面对的并不是全社会的共同污染，而往往是一部分人污染了另一部分人，或者是一部分人侵害了另一部分人应享用的环境资源，造成了环境冲突。如何来规范这部分人的行为使他们遵守其保护环境应尽的义务，而不致侵害另一部分人的环境权益，这往往成为政府所必须干预的责任，也是环境规划需要协调处理的重要内容。根据经济和社会发展以及人民生活水平提高对环境越来越高的要求，对环境的保护与建设活动作出时间和空间的安排与部署，这是环境规划的又一个基本任务。环境规划可以说是为改善环境质量制订可行方案，而环境保护与建设方案则是其中的核心内容。

综上所述，环境规划实质上是一种克服人类经济社会活动和环境保护活动盲目性和主观随意性的科学决策活动。

二、我国环境规划的发展历程

我国的环境规划是伴随着整个环境保护工作而产生和发展起来的，经历了从无到有、从简单到复杂、从局部进行到全面开展的发展历程，大致可以分为孕育阶段、尝试阶段、发展阶段、完善提高阶段、转变约束阶段，已形成了以五年环保规划（计划）为龙头的环境规划体系。

（一）孕育阶段

第一次全国环境保护会议提出了环境保护工作的32字方针，对环境保护和经济建设实行"全面规划、合理布局"，标志着我国的环境保护规划开始孕育发展。由于环保事业刚刚起步，理论和实践缺乏经验，环境保护规划工作也处于零散、局部、不系统的状态，除了一些地区开展了环保状况调查、环境质量评价等工作外，大规模或较深入的环境规划工作尚未开展。这些规划的范围仅限于污染治理，在规划中分析了存在的环境问题，提出了治理措施；在方法论上，还停留在以定性为主的阶段。

（二）尝试阶段

第二次全国环境保护会议提出了"三同步"方针，表明我国对环境与经济建设、城市建设之间关系的认识产生了一个飞跃，对环境规划有着深远影响。环境保护计划也开始纳入国民经济和社会发展计划，并成为其中的一部分，提出了计划所需达到的要求，对环境目标也有一定的表述，但未形成独立的环境保护规划文本。在一些地区和部门，对环境规划的理论和方法科研课题进行研究，取得了一些成果，20世纪80年代初的济南市环境规划和山西能源重化工基地综合经济规划的环境专项规划是我国最早的区域环境规划。同时，作为环境保护规划的基础工作，环境影响评价和环境容量研究在全国逐步开展。

"七五"期间，国家计划委员会和国务院环境保护委员会制定和联合下发了第一个国家环境保护五年计划《"七五"时期国家环境保护计划》，内容包括环境保护的目标、指标和措施，在同期的《中华人民共和国国民经济与社会发展第七个五年计划》中，也规定了"七五"期间环境保护的基本任务和主要措施，在科研工作的带动下，水利部和国家环境保护局联合开展了七大流域水污染防治规划；中国环境管理、经济与法学学会在山西省太原市召开了全国城市环境规划研讨会，对环境规划也起到了推动作用。在方法论上，开发、应用了我国的环境经济计量模型、环境经济投入产出模型和系统动力学模型，并开展了环境污染和生态破坏经济损失估算的研究，为我国污染物排放宏观目标总量控制和环境经济损失打下了基础，此阶段环境规划方法论研究取得了显著进展。

（三）发展阶段

中共中央、国务院批准转发的《中国环境与发展十大对策》，其中第一条"实行持续发展战略"指出，必须重申"经济建设、城乡建设、环境建设同步规划、同步实施、同步发展"的指导方针。《国家环境保护"八五"计划》中，开始将总量控制、重点项目作为计划重要内容，环境规划在规划方法和体系方面都取得了较大的发展，确定了65项指标，形成了国家、地方、行业、重点项目、重点工程、重点流域等一体的环境规划体系。国家环境保护局发文要求各城市编制城市环境综合整治规划，并下发了《城市环境综合整治规划编制技术大纲》，组织编制了《环境规划指南》。国家计划委员会和国家环境保护局发布了《环境保护计划管理办法》。随后国务院批准了《国家环境保护"九五"计划和2010年远景目标》，要求到2000年实现"一控双达标"，实施了两项重大举措，即全国主要污染物排放总量控制计划和中国跨世纪绿色工程规划，并确定以三河（淮河、海河、辽河）三湖（太湖、滇池、巢湖）、二区（酸雨和SO_2控制区）为治理重点。在一定意义上完善和丰富了环境保护规划内容，规划的导向性和重要性得到了发挥。

在这种情况下，我国广泛开展了环境规划的制定工作，涌现了一批优秀的环境规划如湄洲湾环境规划，秦皇岛市、广州市、南昌市、马鞍山市和济南市环境规划，通化市环境综合整治规划，桂林市大气环境规划和澜沧江河流域生态规划等。在制定规划的方法上也有不少进展，如北京大学在湄洲湾环境规划研究中，提出并应用了环境承载力的概念和方法解决合理布局问题；清华大学在济南市环境规划中，应用冲突论解决污染负荷公平分配问题。此外，地理信息系统（GIS）的应用使得环境规划的空间可视化程度大为提高。

这一阶段，国家环境保护规划体系进一步发展。一方面，国家对环境保护重视程度和认识程度更加深刻，先后制定了"三河三湖"流域水污染防治"九五"计划，陆续出台了《全国生态示范区建设规划纲要（1996—2050年）》《全国生态环境建设规划》等，进一步落实主要污染物排放总量控制要求，进一步提出各级人民政府和有关部门在制定和实施发展战略时，要编制环境保护计划；另一方面，在加强企业污染防治的同时，大规模开展农村面源污染防治和重点城市、流域、区域环境治理，国家通过开展环保模范城市等一系列生态环保示范创建工作，制定了模范城市规划编制纲要，拓展了规划体系的内涵和边界。规划编制和实施更加注重目标指标和任务的科学性和可达性，强调实施污染物排放总量控制，重视环境容量与污染物排放总量之间的关系，充分考虑环境问题的复杂性、环境质量的变化趋势以及经济社会发展水平。此外，国家启动了生态省、市、县建设，各地以生态文明建设示范市/县为依托，不断加大投入、健全体制机制、加强探索创新，有效带动区域生态环境质量显著改善，有力促进各地绿色高质量发展，全面推动生态文明建设改革任务落地见效。同时，地方开展大量的环境规划探索实践，重点区域环境保护规划取得了重大进展。其中，广东省人大常委会批准实施了《珠江三角洲区域环境保护规划》和《广东省环境保护综合规划》，对规划思路、技术方法、任务举措、实施机制等方面进行创新，首次提出生态环境空间管控要求，规划由省人大审议通过后印发实施，有效保障环境规划执行力。

从应用来看，出现了大量流域环境规划、生态规划与区域环境规划，具有代表性的有北京与云南和四川两省环境科学研究院共同完成的"泸沽湖流域水污染防治综合规划"、中国环境规划院主导完成的"珠江三角洲环境保护规划"等。从方法论来看，大量的模拟模型，如不确定性优化与风险决策模型得以应用，进一步务实了环境规划的科学基础与决策依据。

（四）完善提高阶段

这一阶段，我国经济高速增长，重化工业加快发展，给生态环境带来了前所未有的压力，党和国家审时度势，首次把建设资源节约型和环境友好型社会确定为国民经济与社会发展中长期发展的战略任务。"十一五"国家五年环保计划更名为环境保护规划，并首次以国务院印发形式颁布。规划将污染防治作为环保工作的重中之重，从传统的GDP增长和总量平衡规划，转向更加注重区域协调发展和空间布局、发展质量的规划。规划更加强调环境要素导向，对水、大气、固体废物等环境要素开展分类实施管理。规划提出了环境约束性指标，有力推动了环境规划目标的执行和完成，从而加强了对政府的刚性约束作用，更加强调规划的实施评估和考核，并首次开展了国家五年环境保护规划的中期评估，且经国务院常务会议审议。国家环境保护"十二五"规划进一步突出科学发展，强调污染物排放总量控制与环境质量改善并重，以加快转变经济发展方式为主线，设置"削减排放总量—改善环境质量—防范环境风险—环境公共服务"四大战略任务统御全局，主要污染物排放总量控制指标在"十一五"两项指标的基础上，拓展为化学需氧量、二氧化硫、氨氮、氮氧化物等四项污染物排放总量控制指标。

这一阶段，环境保护规划逐步引入循环经济、绿色经济、低碳经济等理论，大量综合考虑各种要素之间相互影响的环境规划方法在环境保护规划中不断得到应用，如能源—环境经济系统、水资源—环境经济系统，同时大量集成地理信息系统（GIS）与不同情景方案的环境保护规划不断涌现，为环境保护规划提供了综合展示平台。更重要的是，全国逐步开展了40多个城市环境总体规划编制试点，为环境规划参与"多规合一"提供了大量实践探索和经验。通过城市环境总体规划编制试点开展，突破了环境空间规划成套技术瓶颈，将环境强制性要求实质性落地，从源头解决了城市格局性环境问题，真正实现了从污染防治型规划向环境保护规划的重大转变，为后续"三线一单"制度的建立奠定了扎实基础。同时，原环境保护部为配合国家主体功能区划的实施，组织开展编制全国环境功能区划，选择了河北省、吉林省、黑龙江省、浙江省等13个省份开展试点。此外，部分地区还开展了美丽中国建设战略性规划的探索研究。在这个阶段内，生态环境空间管控技术，尤其是地理空间信息技术在生态环境空间管控应用中发展较快，为生态环境参与"多规合一"提供了技术支撑。多源排放控制与区域空气质量改善的响应技术、区域大气的健康—生态—气候联合效应评估技术等技术也得到进一步发展。

（五）转变约束阶段

随着我国经济体制从计划经济向市场经济的逐渐转变，国务院组建的环境保护部，将环境规划作为政府干预市场、保证国家宏观经济健康运行、环境保护工作宏观指导的重要手段。

2012年，党的十八大报告提出"把生态文明建设放在突出地位，融入经济建设、政治建设、文化建设、社会建设各方面和全过程，努力建设美丽中国，实现中华民族永续发展"。2017年，党的十九大将"美丽"写入社会主义现代化强国目标。2018年，全国第八次生态环境保护大会上，正式确立了习近平生态文明思想，这是在我国生态环境保护历史上具有重要里程碑意义的重大理论成果，为生态环境保护规划编制提供了思想指引和实践指南。2020年，党的十九届五中全会进一步丰富了美丽中国建设内涵，提出到2035年基本实现美丽中国的建设目标。同时，秉持人类命运共同体理念，共建清洁美丽世界，在国际层面上宣布2030碳达峰和2060碳中和愿景目标，对规划编制工作提出了新的要求。2021年，习近平总书记在中共中央政治局第二十九次集体学习时强调，要统筹污染治理、生态保护、应对气候变化，促进生态环境持续改善，努力建设人与自然和谐共生的现代化。

这一阶段，进一步统筹生态与环境两个方面，将"十三五"规划名称由"环境保护规划"改为"生态环境保护规划"。与以往五年规划不同，"十三五"规划是习近平总书记提出新发展理念后制定的第一个五年规划，规划将绿色发展和改革作为重要任务进行部署，强调绿色发展与生态环境保护联动，坚持从发展的源头解决生态环境问题。即将出台的国家"十四五"生态环境保护规划则锚定2035年美丽中国建设目标，落实二氧化碳排放达峰目标、碳中和愿景，以推动减污降碳协同增效为总要求，从推进绿色发展、积极应对气候变化、持续改善环境质量、加强生态保护监管、防范环境风险、推进治理体系和治理能力现代化等六个方面谋划重点目标和任务，为建设人与自然和谐共生的现代化、建设美丽中国开好局起好步。

这一阶段，国家生态环境规划体系优化精简，主要包括1项五年生态环境保护综合规划、11项生态环境要素领域专项规划、三大污染防治行动计划和三大重点区域专项规划（京津冀协同发展生态环境保护规划、长江经济带生态环境保护规划、"一带一路"生态环境保护规划）。为落实《大运河文化保护传承利用规划纲要》，推进大运河生态环境保护修复，生态环境部等部门于2020年8月还联合印发了《大运河生态环境保护修复专项规划》。目前，围绕国家重大战略区域，有关部门正在组织实施长三角区域生态环境保护规划，研究编制粤港澳大湾区、黄河流域等生态环境规划。此外，为积极弘扬落实"绿水青山就是金山银山"理念，各地主动探索"两山"理念规划编制实践。如2018年，浙江省衢州市编制完成了全国首个"两山"实践规划，建立了全国首个地市级"两山"示范市建设规划框架，为地方践行"两山"理念提供了重要借鉴。在规划技术上，互联网技术、大数据技术等在生态环境规划管理和综合决策中发挥着越来越重要的作用。

三、我国环境规划发展简要评估

污染物削减和环境治理是目前我国环境规划设定的主要任务目标，目前的环境保护工作也主要围绕这一目标开展。我国环境保护规划阶段仍以污染防治为主，近年来部分规划进行了主动经济导向和空间布局方面的创新工作，但总体较难落实，切入点较难找准。环境保护规划与区域发展规划和产业规划的衔接有待强化，应从单纯的污染物治理向污染治理和引导经济结构调整相结合的方向发展，在保证污染削减的同时实现对产业和区域经济发展的有效导向。同时，有条件的地区应在改善环境质量的基础上，逐步开展以人体健康和生态系统维护为导向的规划编制。

目前我国环境规划的内容主要包括：前期工作情况的总结（或前次规划的实施情况评估），经济、社会和环境现状调查，环境预测、环境规划目标和指标体系的建立，环境功能分区和区域布局，规划方案的设计与优选，重点任务与重点工程，规划实施和保障措施等。不同的规划内容表现形式略有差异。我国环境保护规划偏重于污染防治，但是从环境法学研究的角度出发，环境规划范围的界定是以整体意义的环境为基础，应该逐步覆盖污染防治、生态保护和资源开发3个方面。

我国的环境规划体系较为复杂，不同层次的规划相互交叉，由此也导致不同规划间存在较大差异，如规划目标与指标体系的设定、对规划重要性的认识、对不同层次环境规划编制范围和内容的界定，以及对规划编制方法体系的研究和规划实施等。

目标设定是否合理是影响规划编制和实施效果的一个重要因素。我国环境保护规划目标制定往往出自良好的意愿，但某些目标缺乏足够的科学依据，对污染治理的长期性、艰巨性、复杂性和治理难度估计不足。这就致使有些目标偏高，进而影响规划实施成效。一些环境保护规划对目标、指标、任务、措施、投资之间的内在关系分析不够，未能充分考虑规划所需投资与可筹措资金间的差距，使得规划实施的可行性无法得到保障。部分规划的目标指标还存在与规划任务脱节的现象，目标与任务之间缺乏衔接，工程措施和可行性不够明确，缺乏费用效益分析方法和机制。因此，在未来规划制定目标时要从实际出发，以实际可能的预算投入为依据，充分认识任务的复杂性，合理确定规划的目标。

保障措施和规划实施要求也是规划必不可少的内容。环境保护规划保障措施主要涵盖如下内容：完善法规体系、加强环境管理能力建设、加强环境科技研究、加强环境宣教、提高公民意识、落实环境保护责任、拓宽环境保护筹资渠道、增加环境保护投入等。同时，也需要在规划中明确规划涉及的部门，如各级政府、发展改革部门、经贸部门、财政部门、建设部门等的职责，规定规划考核和中期评估要求。

四、生态环境保护规划存在的主要问题

（一）综合规划统领作用需要进一步加强

国家五年生态环境保护规划是党中央、国务院对五年时期内生态环境保护工作的总体部署和目标要求，是生态环境领域的综合规划，需要各层级各领域贯彻落实。从五年规划实施情况看，在不同层级上，省、市、县各级政府和生态环境部门一般都能依据国家五年生态环境规划提出的目标任务要求，结合本地区实际情况制定相应规划并加以贯彻落实，但不同层级规划存在边界模糊、重点不清晰等问题。尤其是省级层面规划未能起到在国家级和市县级生态环境规划之间的承接作用；市县级规划受制于上级规划不太明确的目标要求和相对有限的编制力量，操作落地性不强。从领域来看，五年生态环境保护综合规划发布层次高，承载内容多，需要衔接协调时间长，滞后于一些要素领域生态环保专项规划出台。此外，综合规划目标任务实施和工程资金保障受要素领域生态环保专项规划影响较大，需要专项规划给予规划落地实施支撑；而大气、水、土等重点要素领域的专项规划相对独立，规划目标任务实施较为单一，部分工程任务内容有中央财政专项资金保障，且常常与考核紧密挂钩，在实施过程中更能引起地方重视，因此相对综合规划，专项规划的推动实施更加有力。

（二）规划实施管理需要进一步强化

目前还没有专门的生态环境规划相关立法，关于各类规划的法律条文散落在我国《环境保护法》和各类环境要素污染控制的有关法律中，未明确规划得到审批后的法律地位，规划实施的强制性没有法律依据。此外，尽管目前规划在目标分解、责任压实和实施信息平台构建等方面做了一些实践工作，但整体上还存在"重规划编制、轻规划实施"的现象，大多数规划实施监督缺少有效抓手。原因有5个方面：一是一些规划对目标指标、任务措施和投资等内在关系分析不足，导致目标指标和规划任务存在脱节现象，主要任务对关键指标目标完成可达的支撑有待进一步加强。二是规划空间基础薄弱，边界范围不清晰，与国土空间规划融合较难，难以实现目标任务精细化落地和匹配管理，影响规划落地实施的效力。三是市县层面规划实施需要以工程为抓手进行推动，而大多数规划对支撑规划任务实施的项目工程谋划不够深入，导致规划实施可行性无法得到保障，具体

落地实施没有明确的考核要求，工程实施资金得不到保障。四是在规划实施过程中，存在各部门分工不明、部门推诿扯皮等现象，还未形成生态环境保护的"大环保格局"，规划实施合力打折扣。五是规划实施效果的评估能力和手段较弱，表现为评估资源信息短缺、评估过程缺少公众参与、缺乏量化指标等。此外，规划评估、考核、激励、奖惩等约束奖惩机制还需要进一步建立健全，使之能够解决规划被人诟病的"墙上挂挂，纸上画画"现象。

（三）规划技术支撑还需要进一步强化

生态环境规划编制专业性较强，规划编制需要技术标准体系支撑。虽然目前已经建立了较为完备的环保标准体系，但在规划技术方法、标准规范等方面，仅有关于环境现状调查与评价、环境功能区划等技术指南，在规划目标指标制定、环境模拟与预测、规划方案优选等方面尚未形成统一的技术规范，主要依靠对其他领域（如规划环境影响评价、"三线一单"等）技术导则的借鉴或者针对每一类生态环境规划发布的规划编制指南，导致规划编制技术方法、标准规范体系不连续，需要推动传统规划技术向多领域技术融合和全过程管理技术转变。在推动减污降碳协同增效的总要求下，随着进一步满足社会经济综合决策和环境精细化管理的需求，规划空间化、信息化、定量化、可视化技术水平还需要加强。现阶段规划技术更多注重应用实践，而基础理论研究相对薄弱。40多年来，生态环境规划的编制方式、目标任务、技术方法等处在不断变化之中，可以预见的是未来规划仍将进一步发展，这是发展的基本规律，也是必然要求，需要建立健全适应我国有关国情的生态环境规划理论体系。此外，由于目前从事规划编制的门槛较低，第三方社会服务市场混乱，专业技术人员素质参差不齐，出现了"低价竞争""用规划编规划""全民皆能规划"等怪象，规划编制实施的行业规范和技术人员支撑力量保障需要加强。同时，地方基层环境规划管理人员严重缺乏，不能满足规划编制实施的管理需求。

五、国家生态环境保护规划发展展望

（一）面向美丽中国建设目标，健全生态环境规划体系

作为统一的自然生态环境系统，生态环境保护的系统性决定了生态环境保

护工作需要立足全局加以考量，要在经济社会发展的全方位、全地域、全过程中，统筹兼顾、整体施策、多措并举地开展。这就决定了在国家规划体系中，生态环境保护规划不是一般的专项规划，需要在认识、尊重、顺应生态环境保护发展规律的基础上，进一步强化生态环境保护规划的地位，要瞄准2035年广泛形成绿色生产生活方式、碳排放达峰后稳中有降、生态环境根本好转、美丽中国建设目标基本实现的要求，充分发挥生态环境保护的引导、优化和促进作用，在环境效益、经济效益、社会效益等多重目标中寻求动态平衡，以生态环境高水平保护推动经济高质量发展。另外，生态环境保护规划在生态环境保护工作中起着战略引领和刚性控制的重要作用，要充分发挥规划在生态环境保护领域的先行牵引作用，重点是以五年生态环境综合规划为统领，在现有"横向＋纵向"二维生态环境规划体系结构基础上，建立健全一套"横向＋纵向＋时间"层次清晰、功能互补的生态环境规划体系。在横向上，统筹好污染治理、生态保护、应对气候变化等不同领域，覆盖陆地和海洋的空间范围、覆盖山水林田湖草沙冰等各类生态系统，覆盖城市治理与乡村建设等二元结构，覆盖水、大气、土等所有生态环境介质，覆盖从源头防控、过程监管、末段治理、后果严惩的环境管理工作等。在纵向上，进一步健全国家—省—市—县等不同层级之间的生态环境规划体系，不同层级之间生态环境规划要体现差异性，避免规划"上下一般粗"，国家生态环境保护规划重点是制定总体战略、明确重点领域和重点区域生态环境保护重要目标、重大任务、重大工程以及重大改革举措。省级生态环境保护规划的重点是落实国家相关要求，明确省（区、市）内生态环境保护重点地区和重点问题目标、任务、工程。市县层面则重点抓好落实，明确规划目标任务落地的针对措施。在时间上，要统筹好长期战略、中期规划、短期行动等不同时间跨度的生态环境保护规划。长期战略一般以10～15年为主，重点是提出中长期内生态环境保护工作的指引方向，描绘美好远景。中期规划一般以5年为主，是每个五年时期内生态环境保护工作的阶段性目标任务内容。短期行动一般以3年为主，一般是近期生态环境工作的具体工作要求。

（二）强化生态环境规划空间表达，有序衔接国土空间规划

生态环境空间是国土空间的重要组成部分，是社会经济发展的本底基础。统筹好生态环境保护要求，是开展国土空间规划工作的前提条件，而生态环境保护

规划是细化国土空间规划中生态环境保护要求的重要手段，二者需要通过在空间平台上统筹衔接，才能确保生态环境要求在国土空间上的落地实施。但是，长期以来，生态环境保护规划主要以目标指标管控为主，其空间地理信息基础薄弱，环境数据信息精度粗放，环境空间信息碎片化严重。相对于国土空间规划，生态环境保护规划空间表达能力明显薄弱，无法实现和国土空间规划的有序衔接。尽管近年来，通过开展环境功能区划、城市环境总体规划、"三线一单"划定等工作，逐步建立形成了生态环境分区管控体系，但是还需要进一步考虑到生态、水、大气、土壤、海洋等各生态环境要素在功能、结构、承载、质量等方面的空间差异性，建立完善生态环境规划空间属性，夯实规划编制空间基础，强化规划的空间表达能力，从规划注重"目标指标管控"向"目标指标＋空间准入"和"管控＋指引"并重。在制定国土空间规划之前，将生态环境保护指标和空间管控要求落实到相应空间单元，为资源环境承载能力和国土空间开放适应性评价提供前置条件；在国土空间规划编制过程中，将生态环境保护要求指引和国土空间开发内容保持统筹衔接，在国土空间规划实施监督过程中，将生态环境保护要求落实完成情况作为实施监督的重要内容。在国土空间规划编制实施管理等全链条中，将生态环境保护的要求，科学、系统、完整地体现在国土开发与保护的各项建设活动中，发挥生态环境规划在国土空间开发与利用中的底线管控与前置引导作用。

（三）建立全过程规划实施管理体系，保障规划实施效力

规划实施是规划编制的根本目的，要按照规划的指引，组织各方力量，推进落实各项规划任务，顺利实现规划目标，发挥规划的导向作用。尽管规划实施机制不断完善，但是在实际情况中，存在规划编制轰轰烈烈、规划实施悄无声息的现象。这里面既有形势变化快等客观原因，也有规划编制自身不足、研究不透、实施管理不到位等原因。为了增强规划的实施效力，一是要深化生态环境保护规划研究，加强对生态环境保护发展规律的研究和分析，精心组织规划前期课题研究，加强对重点问题的分析，在扎实研究的基础上，提出切实可行的规划目标，制定有力有效的任务措施、政策举措和工程支撑。二是要加强规划实施管理制度，完善生态环境规划相关法规政策，以行政法规或部门规章形式对生态环境规划编制审批、实施监督等管理内容进行说明要求，明确规划实施的主导部门及协

作部门，确定各部门工作职责，明确综合规划和要素领域专项规划间统筹与支撑的关系，确保规划之间统筹融合。完善促进生态环境规划实施的配套政策。三是要加强规划实施评估考核，进一步健全"年度监测分析—中期评估—总结评估"的规划评估体系，将评估结果，尤其是约束性指标的完成情况作为纳入地方和相关部门综合评价和绩效考核，并根据评估结果，按照相关要求及时调整执行偏差，确保规划目标顺利完成。四是要建立规划实施的监督检查制度，规划经程序批准实施之后，要及时向社会公开，接受社会监督。完善规划实施的社会公开和监督机制，形成全社会共同遵守和实施规划的良好氛围。研究探索建立规划实施管理信息平台，实现对规划编制、审批、修改和实施监督的全周期管理。

（四）加强减污降碳协同增效等规划技术创新，推进规划编制实施能力现代化

2020年9月以来，习近平总书记先后在第七十五届联合国大会一般性辩论、气候雄心峰会等会议上，向世界作出了"二氧化碳排放力争于2030年前达到峰值，努力争取2060年前实现碳中和"的重大宣示。党的十九届五中全会、中央经济工作会议、"十四五"规划纲要和中共中央政治局第二十九次集体学习时，进一步对碳达峰、碳中和工作作出安排部署，对协同推进减污降碳提出了明确要求。在"双碳"目标的背景下，我国进入了以降碳为重点战略方向、推动减污降碳协同增效、促进经济社会发展全面绿色转型、实现生态环境质量改善由量变到质变的关键时期，生态环境保护规划理论、技术方法等都要随之发展转变，推动减污降碳协同增效是未来规划建设发展的重要方向。要加强规划设计中减污降碳领域技术方法体系研究，强化规划设计减污降碳理论前沿、标准规范、关键技术等研究，如做好碳排放清单统计基础性工作，研究制定减污降碳协同的技术清单等等。此外，建议建立完善生态环境规划技术标准体系，如在基础标准方面，建立生态环境规划术语、制图规范、数据标准，制定编制技术指南等；在通用标准方面，建立规划编制审批、规划实施监督等方面的标准；在专用标准方面，逐步完善生态环境各要素所需技术方法的标准，如环境模拟与预测技术方法、目标指标确定技术方法、规划方案优选技术方法等。此外，还需要加强社会经济环境等系统的综合影响分析，强化环境经济耦合、定量评估技术等研究，强化大数据、云计算、可视化等现代信息技术运用。另外，需要加强规划研究机构建设，丰富

高校规划理论教学，加强多学科交叉结合，推进产学研一体化，充实规划编制实施与管理人才队伍。

第三节　环境规划的内容及功能

一、环境规划的基本内容

环境规划的主要任务就是要解决和协调经济发展与环境保护之间的矛盾，其编制是一个科学决策过程。我国经过几十年的发展，环境规划的内容已经日趋完善。目前我国环境规划主要包括如下的内容：前期环境保护工作评估，资源、经济、社会和环境现状调查，环境模拟与预测，环境规划目标和指标体系的确定，规划方案的设计与优化，规划实施计划设定，规划实施与管理、反馈。其中规划方案的设计与优化是环境规划的核心内容。

（一）前期环境保护工作评估

对前期环境规划工作进行评估，涉及污染控制、计划指标完成情况、环境工程项目完成情况、规划资金投入情况等，以及总结上次规划解决的环境问题，找出上期规划存在的问题，以此作为新规划的重要参考。

（二）环境调查和评价

只有掌握了环境及其他相关要素的现状，才能为制定科学的环境规划方案提供依据。现状调查和评价是规划的重要支持系统之一。调查的数据一方面来源于环境监测站的监测数据，以及相关统计数据；另一方面则需要由规划编制人员根据规划的需要实地调研和收集数据。目前，环境规划主要是按环境功能区来进行的。评价标准和评价参数根据功能区和对环境影响最为突出的因子确定；评价的主要内容包括两部分：污染源评价和环境质量评价。通过污染源评价确定主要污染物、主要污染源、主要污染行业及重点污染源，并进行排序，弄清污染产生的主要原因，以便"对症下药"。例如，在水质综合评价时，通常采用地表水水质标准单因子指数法或综合污染指数法。所选取的污染因子一般为地表水环境质量标准31项中的一部分，指标数从几项到几十项不等。污染因子一般包括氨氮类指标、有机物指标和重金属指标等。通过水环境质量的评价找出影响水环境质量的主要污染物和受污染严重的河段，进而对各功能区的污染源（包括点源和面源）进行评价，找出影响水体质量的主要原因。

（三）环境模拟与预测

环境模拟与预测是根据已经掌握的信息和资料，建立环境、经济与社会的"输入—输出"模型，通过各种技术手段和方法对未来规划期内环境变化趋势进行科学的预见和推测。根据环境模拟与预测结果，找出今后区域发展的主要环境问题。例如，社会经济发展预测主要涉及人口、能源消耗、工业生产总值，同时对经济布局与结构、交通和其他重大经济建设项目的环境影响作出必要的模拟与预测。在此基础之上，预测主要污染物的排放情况和环境质量。例如，对水质和相关污染物的预测，主要涉及工业用水量、工业废水量、工业污染物排放量、监测点浓度等的模拟与预测。这些模拟与预测计算值直接关系到环境规划中的环境质量，特别对环境质量的预测结果影响较大，并进而影响到中远期环境质量目标、污染物总量控制目标及环境保护总体目标的制定。

（四）环境规划目标和指标体系的确定

环境规划的主要目的就是实现预定的环境目标，所以制定环境目标也是环境规划的主要内容之一，目标按照管理层次分为宏观目标和详细目标两类。宏观目标是对规划期内应达到的环境目标总体上的规定；详细目标是按照环境要素及在规划期内规定的环境目标所作的具体规定。依据确定的环境目标，提出规划的指标体系，主要由一系列相互联系（或相互独立）、相互补充的环境指标所构成的整体。如果规划指标过多，就会给统计工作带来困难，指标过少，又难以保证环境规划的可行性和决策的科学性。

（五）污染物排放总量控制

污染物排放总量控制是指在规定时间内，对某一区域或某一企业在生产过程中所产生的污染物最终排入环境数量的限制。污染物排放总量控制体现了预防为主的原则，为实现环境保护从末端治理向源头削减和全过程控制转变，是规划的关键内容。主要污染物排放总量控制指标的分配原则是：在确保实现全国总量控制目标的前提下，综合考虑各地环境质量现状、环境容量、排放基数、经济发展水平和削减能力以及各个污染防治专项规划的要求，对东、中、西部地区实行区别对待。

（六）重点工程和融资渠道

环境保护长期存在投入不足的问题。因此，在环境规划中应对规划期限内的环境保护投资项目所需资金进行估算，以及对资金来源进行分析。因此，对所需资金估算及资金来源分析也是规划中必不可少的内容。

（七）保障措施

为了保证环境规划的顺利实施以及规划目标的顺利实现，在规划编制的最后都要提出保障措施，这也是必不可少的内容。以国家层面规划和环境要素为例，国家层面的环境规划保障主要集中在如下方面：完善法规体系、加强环境管理能力建设、加强环境科技能力研究、加强环境宣教、提高公民意识、落实环保责任、拓宽环保筹资渠道、增加环保投入等，并提出保障规划顺利实施的具体建议。环境要素规划，如"三河""三湖"环境规划中，为保证规划的有力实施，在规划中明确了污染控制规划涉及的部门责任，如省人民政府、国家发展和改革委员会、财政部、住房和城乡建设部、农业农村部等，并制定相关的政策；国家环境保护行政主管部门会同国务院有关部门进行年度考核加强监督管理。

二、环境规划功能

总体上来说，环境规划可归纳为以下5个方面的作用。

（一）促进环境与经济、社会可持续发展

环境问题的解决必须注重预防为主，防患于未然，否则损失巨大、后果严重。环境规划的重要作用就在于协调环境与经济、社会的关系，预防环境问题的发生，促进环境与经济、社会的可持续发展。

（二）保障环境保护活动纳入国民经济和社会发展计划

我国经济体制由计划经济转向社会主义市场经济之后，制定规划、实施宏观调控仍然是政府的重要职能，中长期计划在国民经济中仍起着十分重要的作用。环境保护是我国经济生活中的重要组成部分，它与经济、社会活动有着密切联系，必须将环境保护活动纳入国民经济和社会发展计划中，进行综合平衡，才能得以顺利进行。环境规划就是环境保护的行动计划，为了便于纳入国民经济和社会发展计划，对环境保护的目标、指标、项目、资金等方面都需经过科学论证和精心规划才能有保障。

（三）合理分配排污削减量，约束排污者的行为

根据环境的纳污容量以及"谁污染谁承担削减责任"的基本原则，公平地规定各排污者的允许排污量和应削减量，为合理地、指令性地约束排污者的排污行为、消除污染提供科学依据。

（四）以最小的投资获取最佳的环境效益

环境是人类生存的基本要素、生活的重要指标，又是经济发展的物质源泉。在有限的资源和资金条件下，特别是对发展中的我国来讲，如何用最小的资金，实现经济和环境的协调发展，显得十分重要。环境规划正是运用科学的方法、保障在发展经济的同时，以最小的投资获取最佳环境效益的有效措施。

（五）指导各项环境保护活动的进行

环境规划制定的功能区划、质量目标、控制指标和各种措施以及工程项目，给人们提供了环境保护工作的方向和要求，可以指导环境建设和环境管理活动的开展，对有效实现环境科学管理起着决定性的作用。

第四节　环境规划与其他规划的关系

一、环境规划与国民经济和社会发展规划的关系

国民经济与社会发展规划的制定是以环境为基础的，只有合理利用自然资源，维护生态平衡，国民经济才能持续发展；环境规划是有计划地解决社会和经济发展与环境污染之间的矛盾，通过环境规划来协调两者之间的关系，是国民经济和社会发展规划的重要组成部分；环境规划制定的主要依据是经济和社会发展规划，经济与环境的协调发展最终也是通过经济发展规划和环境规划的目标协调一致体现出来的。

二、环境规划与国土规划的关系

国土规划是对国土资源的开发、利用、治理和保护进行全面规划，包括土、水、矿产和生物等自然资源的开发，工业、农业、交通运输业的布局和地区组合，环境保护以及影响地区经济发展的要害问题的解决等。因此，国土规划主要是进行自然资源和社会资源合理开发的战略布局。环境规划是国土规划的重要组成部分，为国土资源的开发利用、国土环境综合整治提供技术支持和科学依据。

三、环境规划与经济区划的关系

经济区划是按照地域经济的相似性和差异性，对全国各地区进行战略划分和战略布局，构成不同的经济区，如农业区、林业区、城市关联地区、流域地区和工农业综合发展地区等。开展经济区划的主要目的是在综合分析比较各地区经济发展的有利条件和不利因素的基础上，解决如何因地制宜，发挥地区优势，为人类创造更多的物质财富。同时，开展经济区划也为开展区域环境规划打下良好的基础。环境规划是进行经济区战略布局和划分的补充和完善，有利于经济区合理

开发资源，促使经济区域内的经济、社会、环境协调发展。

四、环境规划与城市总体规划的关系

目前我国城市采用的规划体系主要包括国民经济和社会发展规划（计划）、土地利用规划、城市规划、交通规划、绿化规划和城市环境规划等，城市以上的区划还可能有区域规划、江河流域规划等。城市规划是战略规划（结构计划）、总体规划、分区规划、详细规划组成的完整体系。从内容上来看，城市规划与社会经济发展规划只涉及宏观战略层次。城市总体规划是为确定城市的性质、规模、发展方向，通过合理利用土地、协调城市空间布局和各项建设，实现城市经济和社会发展目标而进行的综合部署。

城市环境规划是城市总体规划中的主要组成部分之一，并参与城市总体规划目标的综合平衡。它们的主要差异在于城市环境规划主要从保护生产力的第一要素——人类的健康出发，以保持或创建清洁、优美、安静和适宜生存的城市环境为目标，从而促使经济社会和环境的可持续发展，城市总体规划是一种更深更高层次上的经济和社会发展规划要求，两者之间存在事实上的主从关系。这主要是因为城市规划所覆盖的内容更多，对城市总体发展的指导性更强，规划思路的经济导向性更加明确，与政府的主要目标联系紧密，并且通过多年的发展，相应的机构、制度等组织性的力量较为雄厚。在地方的实际工作中，一般的程序是先制定城市规划，然后再制定环境规划，要求环境规划编制时参考城市规划的有关用地布局、经济发展战略、城市发展方向和生态环境保护等内容，并从环境保护的角度出发提出反馈意见。

综上所述，环境规划与国民经济和社会发展的长期计划、国土计划、经济区划、城市总体规划有着紧密的联系，它们共同构成了一个完整的规划体系。

第二章　环境规划管理

第一节　环境管理体制与机制分析

一、环境管理概念

本书将环境管理定义为政府依据法律授权开展的日常行动，包括政府机构的基本职责，以及为提高管理绩效所采取的控制行动。本书主要以环境保护行政主管部门为例进行分析。显然，环境问题还涉及其他政府部门，本书对此不再展开讨论。

中国政府环境保护行政主管部门包括中央政府的生态环境部和省、市、县级政府的环保局（厅），根据我国实际状况，本书把各级政府环保部门所辖的事业单位也包括在内。《中华人民共和国环境保护法》是为保护和改善环境，防止污染和其他公害，保障公众健康，推进生态文明建设，促进经济社会可持续发展制定的国家法律，由中华人民共和国第十二届全国人民代表大会常务委员会第八次会议于2014年4月24日修订通过，修订后的《中华人民共和国环境保护法》自2015年1月1日起施行。根据《中华人民共和国环境保护法》，环境保护行政主管部门的基本职责包括：编制环境保护规划，制定国家环境标准和国家污染物排放标准，制定环境监测规范，定期发布环境状况公报，进行环境影响评价，环保执法等。

二、环境管理体制分析

环境管理体制是指环境管理体系的结构与构成方式，即采取何种组织形式，如何把这些组织整合成一种合理的有机体系，以何种手段和方法完成对环境的管理任务。环境管理体制的核心内容是机构的设置，其目标是使各项环境政策有明确的责任主体，包括信息、决策、实施过程、监督检查、评估、问责处罚等环节。直观地说，环境管理体制就是在解决环境问题的全过程中，各种行动都应该由最高效的机构负责实施。

目前，为建立有效的环境管理体制，我们需要论证的主要问题包括：政府部门与企业和公众之间的关系；政府环境管理责权界定；中央政府和地方政府权责划分；环境保护行政主管部门与政府其他职能部门关于环境保护职责划分；环境保护行政主管部门的内部管理模式设计等。

（一）政府部门与企业和公众之间的关系

按照环境经济学的一般理论，环境问题属外部性问题，企业排放的污染物对社会造成了负的外部效应，使公众的权益受到损害。由于公众具有"免费搭便车"的心理，难以有效地同企业沟通并维护自身的权益，因而需要由政府部门代表公众，通过动用公共财政进行环境管理，同企业谈判以制定各项排放标准，并监督企业执行。公众有权对企业的排放行为进行监督，参与政府的决策过程，以及对政府的执法行为加以监督。

政府在处理同企业和公众关系的过程中，应当遵循公平性原则和效率原则。基于污染者付费原则（the polluter pays principle，PPP），该原则最初属于经济学范畴，现作为法律原则发挥效力。污染者付费原则是为被监管实体创设了新的支出形式，亦为政府创造了新的收入来源，且与基于可确定收入的所得税不同。具体来说，政府应当设法将单个工业设施（企业）的污染进行定量，让这些企业为此支付相应的费用。与此同时，该原则反过来又是附加于政府的规范性要求，即要求政府应当客观地进行污染评定，而不是直接参与企业污染数据核查的具体流程。污染者付费原则旨在将污染成本从公众转移到具体的污染企业，通过减少污染物排放量，对市场失灵及社会不公正现象进行纠正。企业需承担环境外部性内部化标准的责任，内部化的程度一般用排放标准（或排放限值）表达，除法规规定的核查检查外，所有污染控制的费用都需要由污染者负担，政府不能用财政资金支付企业的污染防治。效率原则包括成本效益原则和成本有效性原则。

环境质量作为公共物品，公众参与是基本方法也是环境管理的目标。信息公开是公众参与的基础，也符合成本效益原则，即环境信息公开是降低社会信息搜寻成本的有效手段。政府向市场购买公共服务，充分利用市场的效率，也是成本效益原则和公平性原则，因为，政府的垄断也是低效率的。环境信息公开应该包括以下内容：

加强互联网政务信息数据服务平台与便民服务平台建设，进一步畅通与群众沟通的渠道，动员全社会参与环境保护事务，积极监督环境领域及企业违法违规行为，提出对改进工作作风的意见和建议。让所有污染源排放暴露在阳光下，让每个人成为监督者，动员全社会共同治理。政府实行阳光审批，推进阳光执法，加强互联网政务信息数据服务平台与便民服务平台建设，推动建立全国统一的污染源信息公开平台，做到污染源排放数据实时公开、实时可查。

（二）中央与地方政府的权责划分

我国法律将大部分的环境保护责任规定为由地方政府承担，中央政府主要负责制定政策并监督地方执行。

按照环境经济学的基本理论，政府代表公众处理环境事务，其处理边界为环境外部性的作用范围，但在现行管理体制下，具体负责环境法律执行的各城市政府部门是按照行政区域划分的。这样，当环境外部性的作用范围和城市政府的行政管理范围不一致的时候，地方政府部门对于这样的环境问题缺乏严格监管的主动性和积极性，这时必要重新界定中央和地方的责任。

对于跨行政区域的环境外部性问题，需要由更高一级的行政主管部门负责统一管理，协调各地方政府部门参与共同管理，解决不同地方政府之间互相推诿问题，并且直接参与对特定问题（如酸雨）的管理。

我国成立的生态环境部华东、华南、西北、西南、东北五大区域督察中心被认为是中央直接参与地方管理的最重要的渠道。受生态环境部委托，区域督察中心在所辖区域内监督地方对国家环境政策、法规、标准执行情况。目前五大区域督察中心的执法力量十分有限，如何加强中央派出机构的执法力量，以及设立省级环保部门在城市的派出机构，被认为是今后环境管理体制改革的重点。

（三）环境保护行政主管部门与政府其他职能部门职责划分

环境保护法规定环境保护行政主管部门总管和其他相关部门分管相结合的管理模式，有权行使环境管理权的机构众多。在水环境管理中，环保部门负责制定水环境质量标准和水环境污染物排放标准，并监督点源达标排放，由水利部门、农业部门、海洋部门参与对水力资源和海洋水环境的管理，由建设部门负责污水处理厂的建设和运营管理工作。在大气环境管理中，环保部门制定环境空气质量标准和空气污染物排放标准，由发改委和工业和信息化部等部门开展对各地区行业部门能效碳效进行考核管理，由交通运输部门制订交通发展规划和开展对移动源的管理，由城管部门负责对餐饮行业等城市面源的排放进行控制。此外，对固体废物的管理涉及的部门包括环保部门、城管部门、建设部门、发改委及海关部门，土壤及生态管理涉及的部门包括环保部门、林业部门、国土部门及农业部门，噪声和放射性污染物管理主要由环保部门负责。

由多个部门共同开展对环境事务的管理有其客观规律。一方面，对污染源的管理上，由于水污染物的排放单位包括工业点源、农业和生活非点源，空气污染包括固定源、移动源和面源，而发改委、工信部门、农业部门、城管部门、交通运输部门作为特定的管理机构，能够通过自身掌握的信息和行政优势更好地对相应污染源加以监管；另一方面，在环境公共服务的提供方面，建设部门、水利部门等有必要通过技术和资金优势参与对生活垃圾管理系统、污水处理厂、水利基础设施等环境基础设施的建设。

这种多个部门共同管理环境事务也可能造成"多龙治水"的混乱情况，对同一环境要素的管理中，不同部门管理职能交叉重叠、权力和责任的划分不明确的机制，一方面没有一个部门能够对环境质量负责；另一方面也会造成对一些污染源的监管缺位，致使管理低效。为避免"多龙治水"情况的发生，发挥不同部门在环境管理事务中的作用，一些学者提出在我国推行"统一监管，分工负责"管理体制的思路，只有环境保护行政主管部门具有统一监督管理环境保护工作的职能，其他行政主管部门具有防治污染和保护环境的责任和职能，但没有统一监督管理环境保护工作的职能。

（四）环境保护行政主管部门的内部管理模式设计

环保部门的内部管理模式是指对具体环境问题的管理模式，其目的是保证高效的管理。当前，一般是按行政程序划分的部门式管理模式，而非按环境要素进行分工。例如，环保部门普遍是按照新污染源的环评，已有污染源的污染控制、总量控制、科技研究等进行管理，每个部门负责所有环境要素的管理。实际上，环境要素内部的联系更加密切，例如，空气污染控制，包括人群健康保护，空气质量监测管理，固定源、移动源和面源的排放控制管理等，各个环节无论在科学、技术和管理等方面联系都非常密切。站在管理的角度，各要素之间的联系实际上并不多。例如，空气污染与水污染的关联很少，并且在科学、技术、管理等方面差别很大，因此，按照要素管理，可能效率更高一些。即使存在一些相互关联，也可以协调解决。

三、环境管理机制分析

环境管理通过立法程序，界定了包括政府、企业和公众在内的各个干系人（也称为"利益相关者""相关方"等）在环境管理中的责任和权利。为确保环境管理各项法律规定的各干系人的责任能够落实、权利能够得到维护，我们需要有相应的管理机制保障环境管理各项制度的实施。

科斯定理，是指在交易费用为零或接近零的情况下，只要产权是明确的，不管如何进行初始配置，市场经过一段时间的均衡过程后，都会实现资源配置的帕累托最优。按照科斯的基本理论，环境问题本质上是交易成本过高导致的产权问题。当企业向环境排放污染物的时候，它的行为对社会造成了负的外部效应，使公众的健康和福祉受到损害，全社会的福祉水平降低。在这种情况下，如果市场不存在交易成本，公众将同企业进行谈判，通过向企业提供资金要求其减少排放，或者要求企业为其排放行为对公众进行补偿，这样，市场在公众和企业的反复谈判中可以达到均衡状态。在均衡状态下，污染物的排放权得到了有效配置，市场效率达到最优。

然而，市场并非光滑无摩擦，一些因素将干扰市场有效状态的达成。在公众和企业谈判过程中，公众普遍存在"免费搭便车"的心理。公众和企业的谈判是一个反复讨价还价的过程，涉及交易成本，包括信息收集的成本、价格发现的成本、合同签订的成本等。当公众和企业关于减排达成一致意见的时候，由于信息不对称和道德风险的存在，企业存在偷排漏排的可能性，需要专门的人员监督企业落实其减排责任，涉及的交易成本为监督成本和机会主义成本。

由于交易成本的存在，使得产权难以得到界定和保障，由此产生了环境问题。在环境政策制定和执行的过程中，政府需要承担管理者的责任，组织并推动政策的制定，保障制度有效执行。下面，本书对决策机制、信息机制、资金机制、监督核查机制、问责和处罚机制五个方面做简单的说明。

（一）决策机制

环境政策的制定过程，是确定各干系人责任和权利的过程，要求企业承担减排责任，以保障公众的环境权益，政府作为整个决策活动的发起者和组织者。

在决策活动开始之前，政府将通过各种渠道收集环境质量、污染物排放、公众环境满意度等相关信息，并在向各方专家咨询的基础上，草拟政策文稿并发起整个决策活动。

在进行决策时，政府需要按照规定的决策程序，邀请企业代表和公众代表出席，在向各干系人详细阐明政策内容并回答各方提问后，由各方对政策文稿进行表决。

决策活动行程的决议将由政府部门妥善记录，形成最终的政策文件，并向社会公示，如在一定的期限内无异议，由主管部门审批后颁布。

作为整个决策活动的发起者和组织者，政府部门需要承担决策过程中涉及的一切费用，包括决策活动开始前信息收集的费用、决策过程中的组织召开会议的各类费用、决策形成后向社会公示并撰写政策文件的费用。此外，政府部门需要在法律的授权下，严格按照决策程序进行各项表决工作，维护决策过程中的公平民主。

（二）信息机制

信息机制的内容包括信息的采集、处理、存储、公开等，目的是促进市场信息的完全，降低由于信息不完全导致的交易成本过高问题。政府应当在以下环节加强对信息机制的建设。

（1）在环境管理制度制定的过程中，各干系人的利益诉求应当有渠道进入决策程序，最终形成的决议应当是各干系人讨论的结果。为此，政府在制定环境管理的各项制度之前，需要充分收集关于环境质量、污染物排放和公众环境满意度的相关数据，在决策过程中构建可供多个干系人表达各自利益诉求的信息平台，并在决议形成之后向社会公示政策文稿，接受公众对决议的反馈并及时做出答复。

（2）在环境管理制度执行的过程中，企业为证明其达标排放，需要安装监测设备并开展监测活动，向环境保护主管部门提供及时、准确和真实的污染物排放数据，并将这些数据妥善存储以供将来调用。政府有责任对环境质量进行监测，调查公众对环境的满意度，定期发布环境质量报告。公众有权通过一定的渠道向政府申请获得相关数据。

（三）资金机制

资金机制的内容包括对资金的获得、使用和管理，其中心内容是要回答一个问题：由谁承担环境保护的费用。

（1）企业需要达标排放，这一成本应当由企业承担或是由受影响的人群承担，这与产权的分配有关，如果环境产权被分配给企业，受影响人群需要向企业支付费用使之减少排放，而如果环境产权被分配给受影响人群，则企业需要为其排放行为提供补偿。在美国经济学家科斯看来，如果交易成本为零，不论这一成本由谁承担在经济效益上是无差异的。但从公平性的角度看，企业作为污染物的排放者，其排放行为被认为是一种特权而不是与生俱来的权利，企业应当为其排放行为承担全部责任。污染者付费原则就是这样的共识，也成为世界贸易组织成员需要遵守的原则。

（2）政府为建立和执行环境管理的各项制度需要支出。一般包括：信息采集的成本，包括采集环境质量、污染物排放、公众环境满意度等方面的信息成本；信息沟通和发布的成本；制度建立的成本，包括决策平台建立的成本、发起并组织开展决策的成本；对污染源例行核查的成本；污水处理厂和垃圾处理厂等环境基础设施的建设等。值得提出的是，政府支出是财政支出，应当符合政府财政支出的原则。对于企业污染治理、污染排放监测及例行核查之外的环境管理支出，都应执行污染者付费原则，由企业支出，而不应当由政府财政支付。

（3）在我国现行环境管理体制下，我国城市政府的环境保护主管部门是环境管理事务的主要承担者，其资金主要来源于地方公共财政。然而，对于跨行政区域的环境外部性问题，更高一级政府需要协调不同地方政府部门之间存在的矛盾，包括动用省一级或中央一级的公共财政开展环境管理工作。

（四）监督核查机制

监督核查机制的内容包括政府和公众对企业排放行为的监督，以及公众对政府的监督。该机制是保障环境管理各项政策有效实施，防止机会主义行为滋生的重要机制。

政府对企业的排污行为进行监督，是政府作为公众代理人必须尽到的责任。对于新建项目，政府通过审批项目的环评报告书，对企业的环境治理能力进行评估，对于不能达到环评要求的企业将不允许项目建设，在项目建设过程中和项目完工投产以后，政府需要按规定对项目进行验收。对于现有污染源，政府将对企业的污染物排放行为进行监督性检查，包括检查企业污染监测设备的运行情况，以及定期或不定期地抽查企业排放数据，判断企业提供数据的准确性。对于提供非真实信息的企业，以及未达标排放的企业，给予相应的处罚。

公众对企业的排放行为进行监督，是公众的基本权利，政府应当保障公众的这一权利，及时向公众发布环境质量和污染物排放数据，让公众了解污染源的排放情况。同时，当公众对于污染源提供的排放数据存在质疑，或者公众发现污染源存在偷排漏排的情况下，政府应当接受公众的举报并及时做出反馈。

公众对政府的监督是公众的基本权利。政府作为公众的代理人，受公众委托处理环境事务，为公众提供最优质服务是政府的本职工作。在这种委托——代理关系下，由于潜在的信息不完全和政府寻租可能性的存在，公众应当被赋予监督政府的基本权利。为此，政府应当确保其行政执法过程的公开透明，及时了解公众对政府行政执法过程的满意情况，并根据公众的意见及时开展调查，严格政府内部的行政监督和行政问责。

（五）问责和处罚机制

问责和处罚机制是环境管理与环境政策执行的保障机制，而责任追究则主要是指上级政府对下属的问责。问责是确保环境政策有效执行的关键措施，问责机制分析的关键是明确责任主体、责任内容和责任标准。问责机制是与干系人的责任机制密切联系的，应当根据不同环境问题的外部性特征和相关法律法规的规定，界定各干系人的职责范围，并设定具体的责任标准和问责程序，如中央政府和地方政府在环境管理和政策的实施过程中具有不同的权力和责任，问责机制的制定和实施应遵循权责一致的基本原则，具有针对性、适当性和激励性。问责机制的分析标准包括是否有确切的问责主体、问责内容、问责程序、责任标准，问责的执行能力是否匹配，是否有好的问责的效果等。

处罚是指政府依法对违法者的处罚。处罚目的包括三个方面：1.罚没排污者的违法收益及对于违法行为予以惩戒；2.震慑潜在的违法者，使其自我监测和约束，避免其违法或在特殊情形下采取相对较轻的违法行为；3.敦促正在违法的排污者尽快纠正违法行为。从成本有效性的角度考虑，处罚机制实施的主要目的应是抑制潜在违法者的违法动机而不是处罚，这涉及违法证据的不可辩驳、处罚标准的威慑性和处罚程序的严密性，使潜在违法者没有漏洞可钻，从而放弃违法。因此违法行为发生率的降低应是评价处罚机制是否有效的最终依据，而不是最终处罚率的提高。处罚机制同时还要满足适度性、灵活性、公平性和可执行性等要求。

第二节　环境管理规划基本内容

一、环境规划概念

规划是从理念到行动、从理论到实践的政策载体与桥梁，将理念"转译"成行为规范，引导、约束各类主体的社会经济活动。

环境规划是为实现经济社会发展与环境保护相协调的目标，约束人们生产生活行为，是对人类活动进行时间与空间上合理安排。它以生态理论为指导，尽力去调查掌握城市生态系统的特征，抓住主要问题，运用已掌握的规律借助现代预测、决策技术，研究制定城市环境规划。水环境规划是在把水资源视为人类赖以生存和发展的环境条件的前提下，在水环境系统分析的基础上，合理地确定水体功能，进而对水的开采、供给、使用、处理、排放等各个环节做出统筹安排和决策。水环境规划包括有两个有机组成部分：水质控制规划；水资源利用规划。前者以实现水体功能要求为目标，是水环境规划的基础；后者强调水资源的合理利用和水环境保护，它以满足国民经济和社会发展的需要为宗旨。

二、环境规划分类及基本内容

（一）环境规划分类

环境规划按照行政层级分为国家、省（自治区、直辖市）、市、县级规划四个层级。本书根据环境规划包含环境要素的复杂程度，区分为综合性环境规划和要素环境规划。通过这种分类方法梳理环境规划的基本内容，可以对我国环境规划的体系有基本的认识。

（二）综合性环境规划

综合性环境规划从整体的高度对环境各要素进行总体规划。综合性规划的编制，涉及众多干系人的利益，常常跨越多个部门，需要在共同参与的基础上开展决策。生态、水利、空气、能源等不同部门决策信息的汇聚，给规划设计者提出了较大的挑战，规划设计者需要对生态环境结构和功能有深入理解的基础上，协调不同环境要素的规划目标，使之服务于规划的总体目标。决策人数众多，信息数据繁多，这突出强调要将规划建设成为一个强大的信息平台和决策平台。综合性环境规划要求从整体上筹划管理体制机制的建设，发挥人民政府的组织力量，将各政府职能部门的积极性充分调动起来，实现信息在所有部门之间的充分交流，以及从总体上筹划资金的来源并做出统一安排。

国家层面上的综合环境规划包括国家环境保护五年计划，以及这一计划的有机组成，如全国主要污染物排放总量控制计划、环境保护重点工程规划。省一级综合环境规划为省环境保护五年计划。市县一级综合环境规划为市环境保护五年计划、国家环境保护模范城市规划、生态城市规划等。

（三）要素环境规划

要素环境规划针对专门的环境要素开展专项规划。要素环境规划与综合性环境规划几乎同时编制，要素环境规划作为综合性环境规划的有机组成部分，接受综合性环境规划的指导。要素环境规划仍然是一项综合性很强的规划工作，任何单一环境要素的管理都涉及国民经济和社会发展的很多部门，同样需要发挥人民政府的组织力量，从总体上对环境要素进行系统规划。

国家层面上的要素环境规划包括：重点流域、海域水污染防治规划、酸雨控制规划、危险废物和医疗废物处置设施建设规划、节能中长期专项规划、可再生能源中长期发展规划。

省、市一级的要素环境规划需要与国家层面的规划相协调，采取自上而下的组织方式，地方参照生态环境部牵头制订的国家环境规划编制本地区的规划，在规划指标和任务环境上与其衔接。

三、环境规划的基本特征

根据Edward（爱德华）提出的"存在的三元辩证"概念，无论规划要实现的环境目标，还是规划要着力解决的环境问题，都具有时间性、空间性和复杂性的特征。

所谓时间性，主要指我国当前面临资源环境与生态问题的时代特征或特定阶段性，环境问题的自然规律或周期性，环境政策的行政周期、企业环境行为的商业周期等。

所谓空间性，是指依据环境问题的影响范围或环境问题的普遍性程度，分为地方性、区域性、全国性甚至全球性环境问题或环境影响，以及环境要素的流动性和环境外部性及因此导致的环境治理的事权或职责范围，与环境影响范围或环境质量改善范围的不匹配等空间特征。

所谓复杂性，是指环境规划应着重协调人与自然的关系、发展与保护的关系、资源环境生态的关系，这些关系都是极其复杂且不确定的。当然，这些关系也须在时间、空间上进行充分协调与合理安排。

新时代，环境规划应基于生态文明要求，在时间上协调眼前利益与长远利益之间的关系，平衡好当代人发展实效与后代人发展机会之间的关系。在空间上，做好不同环境功能区的划定及其关系协调，以及环境功能区划等与主体功能区划、四区五线等其他相关空间管制的协调，实现国土空间格局优化。

在复杂性上，一方面，环境规划须关注环境问题的社会影响（社会稳定风险、邻避冲突）、公众对环境问题的认知与感受；另一方面，必须协调好环境规划与其他相关领域规划尤其是经济社会发展类规划之间的关系。

在强调生态优先、绿色发展的今天，"为了环境"而制定的环境规划，相关部门应作为社会经济发展类规划的基础性规划而非专项规划，环境规划所确定的目标、原则与要求应为社会经济发展类规划提供编制与决策的依据。

四、环境规划的性质

（一）环境规划的公共政策属性

环境规划表达了不同利益主体之间的经济关系，环境规划是社会再分配的重要手段之一。规划"图纸"上每一根"线条"的背后都代表相应的经济利益。环境规划确定了政府投资开发及保护的重点，决定了公共投资的走向，而公共投资是带动区域经济发展的重要动力之一，同时不同的投资走向也反映了公共资金的社会再分配。如何使这些投资与再分配更有效率和公平性，是各种规划都应该研究的问题。

环境规划要有较高的行政管理效率。一般来说，环境规划涉及其他政府部门的工作，是一个决策平台，在规划制定过程中，通过协商和交流，协调政府相关部门的行动。按照这样的属性，环境规划可以保障较高的行政效率。

环境规划需要首先体现环境公平性原则。环境公平性有两层含义：1.所有人都应有享受清洁环境而不遭受不利环境损害的权利；2.环境破坏的责任与环境保护的义务相对应。因此，环境规划要保证弱势群体的环境利益，规定污染者和受益者的义务和责任。环境规划要求各级政府牵头组织编制所辖地域的环境规划。《中华人民共和国环境保护法》第十三条规定了环境保护规划要根据国民经济和社会发展规划编制，也明确了编制环境保护规划是环境保护主管部门的任务，由同级人民政府批准并公布实施。

（二）环境规划的经济效率属性

经济学中将经济效率定义为这样一种状况，即所进行的任何改变都不会给任何人带来损失而能增加一些人的福祉。因此，环境规划的经济效率就是总体上环境规划给人们（所有利益相关者）带来更好的环境质量所产生的福祉大于改善环境的成本。

具体的分析工具包括成本效益分析工具和成本有效性分析工具。用成本效益分析工具可以在边际上比较环境规划各行动方案给干系人带来的福祉水平的提高。基于成本有效性原则，可以判断在既定环境规划目标下，什么样的行动方案的管理成本可以更低。在环境规划中，规划目标的制定及最优行动方案的选择，需要利用这两项工具，体现环境规划的经济效率属性。

（三）环境规划的信息平台属性

在环境规划的编制过程中，环境规划关于环境目标的制定及行动方案的选择，需要获得规划区域范围内过去一段时间的经济发展、环境质量、污染源排放情况、公众环境需求、政府管理能力等基本信息。环境规划为决策的制定提供了一个信息平台，通过这一平台，环境规划设计者将各方面的信息汇集起来做进一步的分析，按照环境规划制定的原则，撰写环境规划文本。环境规划的所有利益相关者，包括公众、企业和政府机构，通过环境规划这一平台，对环境规划的文本进行讨论，充分交流各方信息，协调各方利益。

在环境规划的执行过程中，为确保污染源能够按照环境规划的要求达标排放，需要由政府加强对污染源的监管，要求及时、准确和真实地提供污染物排放数据，政府对污染源的排放情况进行监督性核查。此外，公众的环境满意度将作为评价环境规划目标是否有效达成的重要依据。环境规划需要建设成为较为完善的信息平台，用以评价规划目标的达成效果和效益的实现情况，其形式可以是中期评估和后期评估，评估结果将对所有利益相关者进行公示，他们的意见将通过信息平台反馈，作为完善规划目标和行动方案的依据。

五、环境规划的目标

（一）构建和运行信息平台

环境规划的编制过程是一个环境保护信息汇集、处理、评估、分析、应用和公开的过程。

环境规划的信息一般包括生态状况、人群健康、环境质量方面的信息，污染物排放方面的信息，工程项目和管理行动方面的信息。环境方面的信息一般都有时间、空间的属性，也就是污染物质的排放、环境影响都要体现时间和空间的属性，否则意义不大。除此之外，对于环境规划而言，还要有干系人的属性，即污染物的排放、环境影响要说明涉及的排污者、受影响者及执法者等，只有同时说明污染物质、时间、空间和干系人才有决策意义。

环境规划的信息还包括社会经济多方面的信息。在对一个地区进行环境规划时，需要了解这个地区的人口、就业、经济增长率、城市化水平、产业结构、地理特征等方面的信息，有针对性地开展环境规划。不仅如此，环境规划需要同地区其他方面的规划协调，环境规划的子规划之间也需要协调，因此，规划设计者需要掌握来自林业部门、农业部门、水利部门、建设部门等国民经济各部门制定的规划信息，环境规划的信息平台可以帮助提供所有这些方面的信息。

环境规划还有信息综合和整合的任务，一般按照污染物质的产生、环境状况、管理行动进行综合和整合，以便决策使用。

信息平台建设的目标是经济有效地满足规划编制所需的信息汇集、处理、评估、分析和应用。

（二）提供决策平台

环境规划是一个制定目标、分配责任、确定行动方案的过程，从本质上讲，是一个利益分配的过程。遵循民主决策的理念，要求环境规划应当在所有干系人共同决策的基础上展开。

政府听取公众和企业的意见，在协调各方利益的基础上，推动环境规划的制定。政府各职能部门之间应当在相互协调的基础上参与决策，环境规划不仅涉及环保部门的责任，也涉及林业部门、水利部门、农业部门等与环境规划密切相关的政府部门的责任，还涉及建设部门、工业与信息化部门等政府部门的责任。借助环境规划的平台，在政府部门协调下共同决策，有助于在部门间创造一种协调合作的氛围，推动环境规划的执行。

对于跨区域、跨流域的环境外部性问题，地方政府代表自身利益参与决策，相互之间可能产生矛盾。这需要借助环境规划平台，将跨区域、跨流域的各地方政府部门召集在一起，由上一级政府统一协调，通过生态补偿或动用中央财政，化解可能存在的矛盾。

企业应当享有参与决策的基本权利。环境规划一旦形成，将构成对企业的刚性约束，要求企业履行环境规划所规定的责任。所以，在环境规划制定的开始阶段，应当让企业参与决策，说明自身在履行环境义务时所面临的困难，合理地表达自身的利益诉求。通过与企业共同决策做出的责任安排，更容易为企业所接受，企业更愿意以合作的姿态参与环境规划的实施，保障环境规划的有效执行。环境规划为企业参与决策提供了一个平台。

公众是环境权益的最终享有者，公众将决策的权利委托给政府，由政府代理公众进行决策。在这种委托（代理）关系中，由于存在信息不对称及利益集团的干扰，政府并不能真实而完全地代表公众进行决策，由此损害了公众作为委托人的部分权益。公众应当有权利直接参与决策程序，提出自身的利益诉求，纠正可能存在的政府决策失误。政府对于公众提出的意见必须严肃对待，作为进行决策的重要依据。政府需要帮助公众参与决策，环境规划可以作为公众参与决策的平台。

环境规划为干系人提供了一个相互沟通、协调的平台，干系人借助这一平台表达自身的利益诉求，在充分讨论的基础上，确定环境规划的目标并分配权利和责任，得到各干系人的广泛接受。

（三）绘制有权威的蓝图

环境规划应当绘制一个有权威的蓝图，体现规划的权威性、指导性、全局性、长远性和灵活性。

1.环境规划对众多干系人的基本权利和责任进行安排

这种对权利结构做出的安排涉及利益分配的核心层面，必须上升到法的高度，体现其权威性。在原有权利结构的安排上，通过仔细分析和论证，在所有干系人充分讨论、协调的基础上，形成新的权利结构。然而，要用新的权利结构替代旧的权利结构，面临来自多方面的阻碍，需要依靠法律的强制性打破这种阻碍，使新的权利结构能够更快地建立起来。通过环境规划的法律建设，有助于更好地界定各干系人的权利和责任，所安排的权利结构更加准确和规范，避免歧义的发生。

2.环境规划对于权利和责任做出的安排

环境规划将作为一个纲领性的文件，作为所有行动方案制定的依据。事先对政府、企业和公众的基本权利和责任进行明确规定，赋予政府监督和处罚的权利，要求企业为其污染行为负责，并赋予公众以获取信息和进行监督的权利，在此基础上着手建立环境管理的各项制度。环境影响评价制度与"三同时"制度、排污申报制度与排污许可证制度、排污收费与环境税制度、限期治理制度、环境目标责任制度、环境信息管理制度等多项环境管理制度的制定和执行，都必须建立在对政府、企业和公众的基本权利和责任明确界定的基础上。

3.环境规划需要从全局利益出发

对环境规划的各个要素进行统一筹划。必须考虑所有干系人的利益诉求，考虑社会经济的多个方面，以及考虑所设计的不同行动方案。需要综合考虑环境规划各个要素之间的相互联系，尽量协调可能存在的矛盾，将这些要素协调起来，作为一个整体纳入环境规划。在确定环境规划总体目标的同时，也要确定这一目标是否可以为各干系人所接受，即在对环境规划总体目标进行成本效益分析的同时，也需要对各干系人进行相应的分析，确保目标的可实施性。

4.环境规划需要考虑长远的利益

环境保护，需要树立可持续发展的观念，尊重后代人的生存和发展的权利。一般而言，由于后代人不能参与环境规划的决策过程，这一部分人的利益是最没有保障的，需要由政府部门代表这部分人的利益诉求，保障他们生存和发展的需要。

5.环境规划应当具有灵活性

环境规划依据对未来的预测提出的规划目标，本身具有不确定性，当具体情况改变时，有必要根据实际情况调整规划目标。但是，频繁修正环境规划目标，不仅会对行动方案的实施造成不利影响，更会使环境规划失去权威性。这时，可以考虑引入一些灵活机制，如在可交易的排污许可证制度中，政府通过在市场上投放排污许可证，修正其不恰当的规划目标，这样环境规划可以在兼顾权威性的基础上根据实际问题及时调整规划目标。

第三节　环境规划编制的一般模式

一、环境规划的一般原则

一般原则是环境规划必须遵守的准则，也是环境规划得以实施和发挥效益的前提。环境规划必须遵守国家法律，必须具有经济效益，必须促进环境公平，必须具有可实施性。

（一）法律原则

环境规划是环境保护法规的落实方案，是政府执行环境法规的具体计划。首先，环境规划是落实法律的要求。例如，实现空气质量达标、地表水体达标。其次，环境规划采取的措施应当有法律依据。环境法规规定了环境保护的要求与措施，例如，污染源需要达标排放，环境规划需要落实污染源达标排放的时间表。环境规划是依据法规编制、批准的规范性文件，具有权威性和强制性。一旦得到批准，需要按照规划执行，除非按照程序进行了修改和调整，否则必须执行。法学必须对预防给予关注，从依法治国的原理和预防的角度出发，制定出适合的法律原则和标准。

（二）经济效益原则

经济效益原则是指环境规划提出的措施带来的效益大于环境规划提出措施的费用。环境规划的目的是保护环境，提高环境质量，使人们获得更有保障的健康、更舒适的生活、更美好的景观。这种环境质量的改善带来健康、舒适、景观福祉就是环境规划的效益。但这些效益的获得不是无偿的，需要为环境规划的实施付出费用，比如工厂改进工艺、购买环保设施需要生产投入，环保部门加强监管需要行政费用，社区居民安装集中供暖设备需要费用。这些改善环境的费用能不能带来足够的环境福祉就是环境规划的效率问题。如果环境规划给人们带来的环境质量改善的福祉大于改善环境的成本，环境规划是经济有效的，否则环境规划是经济无效的。经济效益原则是环境规划必须遵循的原则，否则，环境规划的价值无从体现。

（三）公平原则

良好生态环境是最公平的公共产品，是最普惠的民生福祉。公平原则是指环境规划应当实现环境的代内和代际公平。环境问题的本质是外部性问题，排污者损害了公众的环境权利，但公众却无法因这种损害获得赔偿；生态保护维护了公众的环境福祉，却无法因维护行动获得补偿；当代人消耗了后代人的环境资源，后代人却没有机会为自己的环境权利声张。解决环境问题就是要解决外部性问题。环境规划通过规定干系人的行动，调整当代人的环境权利与环境义务，使权利与义务对等，实现代内公平。环境规划还要限制当代人对自然资源的使用，控制当代人对环境的破坏，为后代人保留可接受的环境与可持续的资源，实现代际公平。公平原则是环境规划的基本原则，实现公平是环境规划的本质属性。一般来说，公平的原则是通过公众参与实现的。

（四）可实施原则

可实施原则是保证规划效果实现的前提，是环境规划的重要原则。可实施原则是指制定的环境规划得到干系人认可，相关行动和保障措施基本得到落实，规划可以实施，政策可以发挥效果。可实施性包括四个层次的要求：

第一，环境规划制订过程中要充分实现干系人参与，使规划结果成为所有干系人共同协商的结果。环境规划要得到干系人认可，保证干系人愿意落实环境规划的行动。

第二，环境规划要与其他领域的规划协调，避免出现多种相互冲突的要求。

第三，环境规划的行动方案或规划项目要科学、具体，准确到可以决策的程度。如决策的科学技术依据是充分的，预算要准确到一定程度，项目的界定是明晰的，规划目标总体上是可达的。

第四，环境规划要有一定的灵活性，能够依据实际条件的变化调整规划目标。规划在实施过程中应该允许通过一定程度的微调，保证规划能够应对制定过程中未预见的变化。当然，这些微调需要按照程序得到批准。

二、环境规划编制的一般内容和程序

规划通常由政府牵头，首先由政府相关部门（一般是环保部门）邀请规划设计者进行规划，规划设计者往往由咨询、科研单位、高校的专家组成。由规划设计者对规划背景进行调查，提出存在的主要问题。规划设计者通过与干系人交流，向政府提出建议，由政府组织相关干系人进行讨论。讨论中，规划设计者向干系人解释规划意图，干系人针对主要问题发表看法，或者提出认为重要的环境问题。这个过程是干系人对规划设计者的规划意图进行认定和展现自己意图的过程。讨论后，规划设计者总结干系人意见，调整提出的主要问题和目标，提出符合干系人意愿的规划目标。如多数的干系人没有异议，经发出规划邀请的政府部门认同，则此目标确定为规划的主要目标。如有必要，可展开另一轮讨论，直至得到主要当事人同意和政府的批准。

在确定总目标之后，规划设计者根据经济、技术和政策的考虑提出一些能够达到目标的行动。每项行动能够达到一定的效果，而这些效果组合起来可以达到总目标。因为解决问题的途径是多样的，所以实现总目标的行动组合也有多种。为了选出最优行动组合，规划设计者进一步调查每项行动的成本效益或成本效果，询问相关干系人的态度，最终筛选出成本效益好、干系人愿意配合的行动方案。确定了规划的行动方案后，下一步是制定实施计划。实施计划是承担规划行动的干系人，包括政府部门、企业、社区等，根据自己的规划任务制定的完成任务的计划。实施计划应当包括责任人、完成指标、完成时间，以及处理实施中不确定因素的风险管理方案。各干系人制定实施计划后，交规划发起部门审阅，经环保部门同意和规划设计者认可后，实施计划确定。最终，规划设计者汇总各干系人的实施计划，根据总的实施计划提出监测和检查方案。监测和检查方案应包括监测和检查的方式、时间、对象和责任人。如果检查中发现实施进度滞后于计划，应当对实施计划做出调整，调整后的实施计划能够弥补滞后的进度。这种实施计划的调整有一定的流程，包括何种情况下进行调整，由谁调整，调整后的计划由谁批准。规划的最后一部分是评估方案，由规划设计者针对规划的总目标和每项行动的目标提出，用于规划后对规划实施情况的评估。

按照规划的设计和实施思路，将规划的一般模式概括为六个部分：问题界定、干系人确认、目标确定、行动方案筛选、实施计划制定、实施控制和评估。在实际规划中，这六个部分并不是严格按照先后顺序进行的，有些步骤可能存在交叠和反复。例如，干系人的确定可能从问题界定阶段就开始了，分析现状的同时考虑干系人。干系人的界定贯穿于整个规划过程，因为每一个步骤的目的是不同的，需要联系的干系人也不完全相同。而具体目标确定、行动清单筛选可能需要进行多次费用效益分析，与干系人反复协商，重复具体目标——行动清单——成本效益分析的过程。

三、问题识别

（一）识别问题

问题是理想状态和现实之间的差距。如果干系人对某种环境要素的期待与现实不符，就存在问题。环境规划应当识别并致力于解决这些问题。期待与现实的差距越大，环境问题就越紧迫。环境问题一般分为环境质量问题、排放控制问题和管理问题。环境质量问题，如地表水体超标、环境空气质量超标；排放控制问题，如水污染物点源排放超标、空气固定源没有连续达标排放；管理问题，如执法不严的问题、监测数据质量低、管理能力不足。

法律、干系人的愿望和可解决性是识别环境问题的三个准绳。规划设计者应当调查自然状况，获得水、大气、声环境质量和固体废物处理等方面的基础资料。首先，考察环境质量是否符合法律规定，如果某要素的环境质量低于国家标准或某些操作没有符合国家规定，则可识别为问题。其次，要考虑干系人的愿望，在满足国家标准的情况下，当地居民是否对某些方面的环境有更高的要求，这些要求可以列为环境规划待解决的问题；或者在不满足国家标准的环境要素中，居民感到危害最大的是哪些，这些环境问题应该得到优先考虑。识别问题的第三个标准是可解决性，如果某些环境领域被认为有待改善，但是基于目前经济、社会等条件改善的代价过大，基本没有实施的可能，那么这种问题可以暂时不列入本次规划要解决的问题。这个阶段的问题咨询是环境规划中最初的公众参与，可以采用组织问卷调查、访谈、座谈等形式，目的是较为广泛初步地了解居民所受到的环境危害。

（二）界定问题

识别存在问题的主要领域后，下一步是清楚地描述环境问题，将环境问题尽可能清晰和详细地界定。问题界定实际上就是干系人对规划所要解决的问题协商一致并用语言尽可能准确描述过程。由此提出的问题是所有干系人共同确认的最为紧迫和重要的问题，从而才具有更高的可实施性。值得注意的是，对干系人环境愿望的询问中，由于干系人的生活环境和环境要求不同，可能提出非常广泛的、各种各样的环境问题，规划设计者应当从中找到影响危害较大的、广泛的环境问题。

环境问题的界定包括多个维度，主要有问题类型、危害程度、产生原因等。问题类型首先指发生环境问题的领域，如水环境、气环境，还是声环境；其次是指环境的哪个方面发生了问题，如水量不足、水体恶臭，还是河岸景观破坏。危害程度的确定应该经过以下阶段，首先通过法律标准衡量，对不达标环境质量的治理，还是已达标环境质量的改善；其次包括问题影响的人群数量，是小范围的局地问题，还是影响广泛的区域问题；最后具体到问题的危害类型，是健康受到伤害，财产受到损失，还是文化遭到破坏。环境问题的产生原因是指导致环境问题的社会和经济原因。环境问题的产生原因可以追溯到社会生活和经济生产的安排，环境问题的解决也要依赖社会组织和经济行为的调整。

四、确认干系人

干系人是在某项事务中涉及的所有既定利益者，该项事务的发生将会使得干系人的利益发生损益。在环境规划中引入干系人分析，是为了使环境规划具有更强的可接受性和可操作性。环境规划的每一个步骤中，规划设计者识别与规划相关的一定数量的干系人，以了解干系人对于当前规划工作的期望。识别干系人的利益诉求，并在综合协调后，提出所有干系人都能接受的利益分配，制定相应的行动方案。最终形成的环境规划是所有干系人利益协调的结果。所以，人类对环境的期望值是环境规划的基本内容，影响着规划的走向。

（一）干系人识别的方法

对于某一特定问题，规划设计人员应从以下几个方面界定干系人：识别决策者，谁有权力决定做或不做某些行动；寻找参与者，为了完成一个项目，哪些人要参与行动；界定受影响者，项目的实施会使哪些人的境况变得更好或更差。同时，规划识别的干系人应当有一定的数量限制。联系和组织干系人需要花费时间、精力和资金。干系人过多会使规划成本过高，影响规划费用的有效性。因此，干系人的识别要控制在适宜的规模，既能保证规划公平制定和成功实施，也不使成本过高。在既定的规模内，规划设计者要识别核心的决策者、主要的参与者、环境需求最急迫的和利益变更最大的受影响者，使规划顺利实施。

（二）干系人的类型

根据干系人的利益诉求和在规划中的地位和作用，分为政府机构、排污企业、规划设计者（研究人员）、社区代表（受影响者）和非政府组织五类干系人。在具体规划过程中，我们可以根据需要细化或合并，原则是规划目标、规划任务等得以通过和落实。

1.政府机构

政府机构包括中央政府和地方政府。中央与地方政府在环境保护上存在着差异，主要表现为跨行政区划环境问题。环境问题对中央政府来说，不存在外部性，因此，对于跨行政区的环境问题，中央政府需要负责。对于跨行政区外部性不大或没有环境保护问题，可以由地方政府负责。政府是环境规划的发起者和规划实施的主要组织者，在环境规划中负领导和组织责任。

规划的制定过程，需要政府有关部门参与的阶段有：发起规划，聘请规划设计者；按照规划设计者的建议组织相关干系人讨论；协调不同干系人的意见，做出决策。

2.排污企业

排污企业需要遵守排污许可证的规定及其他环保法规。对于超出法规规定的污染防治行动，需遵循企业自愿的原则。对于自愿的排放控制行动，也可以作为规划的行动。

在规划的制定过程中，企业应当有参与问题界定、规划方案讨论、规划措施执行等环境规划重要环节的权利。

3.规划设计者

规划设计者是研究、咨询机构或专家的总称。规划设计者是规划编制的技术负责人，没有决策权。规划设计者利用自己的专业知识，将问题准确、明白地解释给政府和其他干系人，并且提出可供选择的解决办法。在干系人提出意见后，规划设计者还要充分理解干系人的想法和态度，并将其转化为可落实的方案。同时，规划设计者帮助委托机构组织所有干系人讨论或约见特定干系人单独沟通。

在环境规划的一般模式中，规划设计者是指受政府部门委托，协助和指导环境规划的制订和实施的专家或研究人员，一般来自大专院校、专门的研究机构、咨询公司等。规划设计者不再孤立地作为环境规划的编制者，而是广泛利用干系人参与的成果，制订反映干系人中各利益集团利益的环境规划。在制订环境规划过程中，规划设计者要考虑如何改善环境，达到环境目标，满足公众对良好生活环境的需求，维护广大公众的利益，同时需要面对和满足政府和排污者的压力和要求，维护他们的利益。

对规划设计者的要求，主要包括以下内容：与所有干系人共同确定环境问题，并根据自己的知识和经验提出解决问题的方案供所有的干系人讨论，直到达成一个所有人都能接受的方案为止；收集、处理和公布信息，增加决策的科学性；依法或在法规不清晰的情况下，尽量促进公众参与；在对各方都认可的几个环境规划方案进行综合费用效益分析之后，选出最终的也是最优的环境规划方案，并提出环境规划文本；控制与评估环境规划的实施及环境规划方案的改进。

4.社区代表和非政府组织

环境规划的实施导致环境质量的改善，改善公众的生活环境，提高公众的生活质量，因此公众是环境规划的主要受益者。作为环境规划的受益者，公众是保护环境最为积极的人群，公众的诉求也最能反映环境问题，公众的环境利益是环境规划的最终目的。在环境规划的一般模式中，社区是指在环境规划区域范围内的所有社会公众、一般社会组织、企事业单位等的集合，但是社区没有紧密的组织和雄厚的经济实力，维护自身利益的能力较弱。因而社区的环境利益是政府和规划设计者最需要主动倾听和调查的部分。目前中国的法律对公众参与虽然有所规定，但缺乏可操作性。

在规划的制定过程中，需要社区参与的阶段有：对目前环境问题的界定和对未来环境做出规划设计；确定环境规划的总目标和具体目标；环境规划的实施和监督。

环境保护非政府组织一般具有宣传、教育、参与、倡导、示范、监督政府等功能，因此，在环境规划中，基本可以按照公众参与的模式，邀请环境保护非政府组织参与意见。

干系人的类别要细分到问题可以解决的程度。例如，在水环境保护规划中，政府应当细化到中央政府、省级政府、城市政府和县级政府等。中央政府还需要划分到各有关部委机构。社区也要区分城市居民和农村居民。

五、目标确定

目标的确定是将问题的解决方式和解决程度明确化。目标包括总体目标和具体目标，以及系统阐述问题、衡量行动的指标体系。从某种程度上说，目标的确定与行动清单的筛选是交叠进行的。因为指标体系与规划行动有一定的对应关系，如果在行动清单筛选时证明某些行动是无法开展的，那么受此项行动影响的指标设定也应当修改。

（一）规划目标确定

在环境规划中，目标是指所有干系人共同期望的成果，其作用和价值在于它是干系人相互理解和合作的基础。环境规划目标的确定是否合理和科学，直接影响环境规划的可操作性和实施效果。环境规划的目标应该由所有的利益相关者共同参与决定，比如首先由社区公众提出对环境质量改善的良好愿望，并用语言描述他们理想的情景，由规划设计者将其转化为具有可操作性的定量目标，然后由污染者、政府确定目标是否过高，最后由规划设计者等专业人员评估目标的技术可行性和经济可行性。环境规划的目标应该反映广大居民对良好生态环境和环境质量的客观要求，同时也要反映政府发展经济、企业发展盈利的需求。目标确定过程中的公众参与可以采用公证会、听证会方式，也可以辅以问卷调查和电话访问的方式。

目标的表述需要明确和详细，有利于干系人的理解。为了实现一目标，目标的描述需要定性与定量结合。在规划制订中，目标的定性描述便于公众理解和讨论，目标的定量描述便于规划设计者确定规划方案。在规划实施中，定性描述使公众能够监督和检验规划的效果，而定量描述便于政府和科研单位对规划效果进行规范的评估。

为了对目标进行量化描述，通常要具有四个维度：什么因素、什么时间、什么地点、得到什么保护。例如，对于河流水质目标，需要明确某河流河段在今后的哪一年污染物指标应达到何种标准。目标确定不当会带来严重的后果，一方面它使得规划不具备可实施性，另一方面使得规划的指导性很差。

（二）规划指标体系

环境规划指标体系包括总体目标和具体目标，总体目标是具体目标的综合或最终目标，具体目标的方向需要服从总体目标的方向。没有指标体系的设计，环境规划就没有内容框架，也无法定量。指标是直接反映环境质量及污染物特征，用来描述环境规划具体内容的特征值。它可以是定性变量或定量变量，也可以是变量的函数。环境规划指标体系是一系列相互关联、相互独立、相互补充的指标构成的有机整体，是环境规划编制和实施工作的基础，是指导规划行动，评价规划效果的标准。

科学合理的环境规划指标体系包括环境现状、环境问题、规划目标、行动方案、结果和效果、监督和评估体系等的具体内容。在规划实施过程中，指标用来跟踪环境质量的改善情况、评估规划实施的效果，及时调整行动规划。指标体系是对目标的具体分解，比如将河流水质目标分解为不同规划年、不同断面的指标，也包括对总体目标进行不同角度的分解，比如将水环境目标分解为水质指标、水量指标、生物多样性指标。

环境规划指标类型多样，从内容上看有环境质量方面的指标、污染物排放控制方面的指标、管理方面的指标，还应包括环境保护最终对象的指标，例如人体健康、生态状况；从复杂程度上看有综合性指标和单项指标；从范围上看有宏观指标和微观指标；从时间上看有近期指标、中期指标和远期指标等。

目前，主要根据规划目标构建规划指标体系。环境规划目标分为环境质量改善目标、污染物排放控制目标、行动目标和受体影响类目标四个层次。相应地，环境规划的指标体系也包括这四个层次，分为环境质量指标、污染排放控制指标、规划管理行动指标和受体影响类指标。

环境质量类指标，表征环境要素（大气、水、声音等）质量状况的指标，是状况指标，包括环境空气质量指标、水环境质量指标、噪声控制目标及生态环境目标等，一般都是以环境质量标准的形式表达。例如，环境空气质量标准、地表水质标准。该指标是第一层次的指标，所有其他指标的确定都应当围绕完成环境质量指标进行。

污染排放控制类指标，即压力指标，反映区域或功能区内污染源污染物排放状况、控制技术、控制效果、控制成本等。该类指标比环境质量类指标更接近污染控制行动，也可以说是可操作性强。该类指标一般以排放标准或排放限值表示。

规划管理行动指标，即响应指标，由能够控制环境影响因子的主要行动措施的指标构成，包括法规、决策、信息、投资、监测、效果、评估等，是第三层次的规划指标。这类指标是先达到污染控制指标，进而达到环境质量指标的支持性和保证性指标，指标完成与否同环境质量的优劣密切相关。

受体影响类指标，指与环境影响密切相关的指标和与环境规划密切相关的经济指标和社会指标。受体影响类指标包括人群健康、生态系统状况等环境影响的最终衡量指标，并且是环境保护的最终目标。与环境规划密切相关的社会经济类指标这类指标大都包含在其他规划中，如国民经济和社会发展规划、城市发展规划及土地利用规划。这类指标是环境规划和其他规划相联系的节点。

六、行动方案设计和筛选

环境规划中，在系统、全面地确定污染源和污染物的基础上，围绕环境规划目标制定有效的排放控制方案，是环境规划的核心内容。对于控制方案的设计，我们必须具体明确到某一污染源、某一污染物的控制管理手段和措施。例如，大气污染排放控制方案的设计必须提出针对污染物发生源类型，提出固定源、移动源和面源等的排放控制思路，再对某一类型发生源提出具体的不同大气污染物的排放控制方案。

针对某一污染源、某一污染物的控制管理行动方案可能有多个，将所有的这些方案列出，组成排放控制方案清单，通过进一步地筛选和排序，最终确定具体实施的方案。行动方案的筛选和排序需要遵循一定的标准和原则，主要包括政治可行性、合法性、经济性、可持续性和自愿性。

政治可行性，是指行动清单被政府、社会等认可、接受和支持；合法性要求行动清单上的所有行动和措施都必须是合法的，要有法律依据；经济性主要指成本有效性和成本效益性，成本有效性是指实现方案目标所需要费用最小，而成本效益性是指方案实施后所获得效益应大于费用；自愿性主要指干系人通过自愿、协商的手段达成控制措施和控制目标的共识；可持续性主要表现为方案措施是具有长远计划和目标的，能够持续一定长的时间，且方案有足够的资金支持。资金供给与需求之间是否平衡直接决定满足上述筛选原则的控制方案最终能否顺利实施。资金供给是指针对该控制方案，政府可支配的公共支出和私人企业污染治理费用支出；资金需求是指该控制方案实施所需的费用成本。规划者要重点考虑资金供给方式，严格遵循污染者付费原则，明确哪些费用是需要政府公共财政予以支付，哪些费用是由企业自己负责。当前出现的利用政府财政支出帮助企业治污的做法违反了污染者付费原则。

七、实施计划制订

实施计划是行动清单的细化，由相关干系人制定。实施计划是行动清单的时空分解，是实施环境规划行动的计划时间表，反映何人（或何部门）、何时、何地把指标完成到何种程度。要求在实施计划中必须明确规定某项行动的负责人、完成时间和指标。实施计划还应包括应对实施中不确定因素的风险管理方案。风险管理是指对可能发生的风险进行识别，预测各种风险发生后对资源和生产经营的消极影响，并提出应对策略的过程。风险管理的基本部分包括风险识别、风险预测和风险处理。对于环境规划实施计划的风险管理，实施部门应该浏览实施计划，识别可能出现风险的环节；评估风险发生的可能性与发生后造成的消极影响，即风险的频度和强度；对风险进行排序，优先处理最可能发生，发生后引致最大损失的风险，针对不同风险提出处理方法。

执行环境规划行动的所有参与者都应制定执行计划。环保部门是规划的执行机构，它不仅要制定本身的实施计划，还要指导、审批和监督其他干系人实施计划。在其他实施机构制定实施计划之前，环保部门应该对其他实施主体的行动做出分配和说明。其他干系人是规划的实施机构，按照环保部门的分配，依照本机构的资金、人员、生产情况，制订本部门的实施计划。实施机构包括执行规划任务的政府部门，包括水利部门、市政部门、民政部门和发改委等，还包括有减排任务的企业和规划范围内的社区。规划制定、实施过程中所需资金纳入各级财政预算，由各级政府负责。企业是其自身污染治理规划项目投资费用的主要承担者，并根据需要完成项目任务，达到项目目标。

八、控制和评估

（一）控制

控制是指对实施的策划行动进行有计划的监视和检查，获取实施进度与实施计划之间的偏差，并对偏差进行纠正的过程。控制目的是确保实施按计划进行。控制方案在计划实施前确定，是计划文本的一部分。

控制过程分为三个步骤：收集监测、统计报告、口头和书面报告等信息，衡量和确定实际绩效；将实际绩效与标准进行比较；采取行动纠正偏差或不适当的标准。为实现上述步骤，控制方案应包括监测方案、检查方案和调整程序。

环境监测是通过测量影响环境质量因素的代表值，确定环境质量（或污染程度）及其变化趋势。监测计划应包括监测类型、环境质量监测或污染排放监测；对监测对象，污染排放监测应当具体到企业名称和所在地；以水质监测为例，监测项目一般包括COD、氨氮、pH值等；环境质量监测的监测点应针对监测站，污染源排放监测应针对排污口；监测采样时间和频率，连续监测或定期监测，如果是定期监测的频率是多少。

验证是政府部门通过监测数据或实地调查获得规划实施效果，并与实施方案进行比较。目的是确定实际效果与计划的差距，既包括政府部门对企业的核查，也包括上级政府对下级政府的核查。验证计划包括验证对象，无论是企业验证还是政府部门验证；核查项目是环境监测核查还是资金投入、建设进度、人员落实情况核查；检查频率：每月、每季度或每年。核查计划包括核查负责人和核查报告的报送、公示程序。本书认为，政府应成立专门小组负责核查工作，核查报告应报送环保部门和政府主管部门，并向有关公众公布。

调整是指对实施计划的落后部分进行调整，使调整后的实施计划能够完成进度。实施效果达不到方案要求，有时是因为实施单位不力，有时是因为实施方案的标准定得太高，或是实施中的情况与制定标准相比发生了变化。实施单位因资金不足、环保设施关闭等原因未能有效实施的，应当迅速实施停止行动，补充行动，弥补进度滞后。如果实施计划目标设定过高，可以修改目标以满足实际实施条件。对规划的修改只能通过一定的程序进行，如专家会议的讨论或利益相关者和规划设计人员的同意。如果计划制定后，由于计划外因素导致现实发生变化，可以增加或减少利益相关者的行动或降低计划要求。调整计划应包括督促利益相关者实施计划的条件、督促利益相关者制定补救计划的条件、通过何种程序修改规划目标的条件，以及拖延计划实施的处罚措施。

（二）评估

评估既包括规划实施前的评估，也包括规划实施后的评估。

1.社会经济影响评估

规划实施前的评估主要针对规划对区域社会经济方面的影响。社会经济影响评价的实施者一般由区域管理机构、相关领域和社会经济专家组成。评价内容一般包括环境规划对就业、受影响行业、成本效益和公共卫生效益的影响进行分析和评价，尽量减少环境规划实施对就业的影响和社会总成本。

2.规划后评估

规划后评价是在规划期结束或规划的某一阶段结束后，由政府邀请有关机构对规划效果进行系统、科学的评价。评价标准是规划的目标，通过规划的实施判断规划目标的实现程度。评估的目的是找出规划的优缺点，作为政府和公众未来决策的经验。评估方案在计划实施前确定，是计划文本的一部分。

评估计划应包括评估时间、评估人员的选择、评估标准和评估结果的反馈程序。评价一般在规划期末或规划某一阶段后进行。具体情况结合规划目标设定。如计划的规划期为15年，每5年确定一次阶段目标，分别在计划实施后5年和10年进行阶段评价，15年后进行综合评价。如有必要，也可进行年度评估。评估人员由具有环境专业知识的科研机构或者咨询企业进行，规划评估单位不得与规划单位相一致。

评价分为总体评价、各利益相关者的规划行动评价和自上而下的规划项目评价三个层次。总体评价的标准是规划的总体目标；单个利益相关者的评价标准是利益相关者的实施计划，包括完成时间和指标；项目评价标准是对实施方案中项目完成时间和完成指标的汇总。

评估完成后，评估结果必须提交给发起规划的政府，并由受规划影响的公众和实施规划行动的企业公布。作为规划的组织者，政府有必要了解规划的实施效果，吸取经验，避免今后规划中的失误。公众作为规划成果的主要受益者，可以凭自己的感受判断规划效果。了解规划实施情况的详细评价，让公众知道哪些环节导致规划不尽如人意，从而在下次参与规划时对这些环节进行改进。企业是规划行为的主要实施者，规划评价也是企业对规划实施情况的评价。成功完成规划任务的企业了解自己的贡献，产生继续保护环境的动力；执行不力的企业感受到压力，督促其改善环境行为。

第三章 环境规划的生态理论

第一节 生态学基础原理

一、生态与生态学

（一）生态学

1.生态学概念

生态学（ecology）是由德国生物学家赫克尔（Haeckel）首先提出的。他把生态学定义为"自然界的经济学"。后来，也有学者把生态学定义为"研究生物或生物群体与其环境的关系，或生活着的生物与其环境之间相互联系的科学"。

我国著名生态学家马世骏把生态学定义为"研究生物与环境之间相互关系及其作用机理的科学"。这里所说的"生物"包括植物、动物和微生物，而"环境"是指各种生物特定的生存环境，包括非生物环境和生物环境。非生物环境由光、热、空气、水分和各种无机元素组成，生物环境由作为主体生物以外的其他一切生物组成。

2.生态学的分类

生态学可以从不同方面进行分类。一般常从三个方面将生态学划分为不同的类型。

（1）按照组织层次划分。即按生物有机体组织层次分，生态学可分为个体生态学、种群生态学、群落生态学、生态系统生态学、景观生态学、全球生态学等不同层次的学科。每一个层次都有不同的特点，存在各自的生态学原理。

（2）按照生物栖息地类型划分。可分为陆地生态学、淡水生态学和海洋生态学。它们的生态学基本原理相同，但在不同环境中，生物类群及与人类的关系、研究的方法等都有很大的差别。

（3）按应用分类。生态学在实际中具有广泛的应用，按应用领域和对象的不同，可分为森林生态学、草地生态学、农业生态学、污染生态学、人类生态学等多个类别。

（二）生态学的发展

1.生态学的形成阶段

这个时期生态学的基础理论和方法都已经形成，并在地植物学、动物生态学、生态系统、生物生态学学科体系等领域有了大的发展。

2.生态学的发展阶段

这个时期生态学的总体特征是：吸收其他学科的理论、方法及先进科学技术成就，从而拓宽生态学的研究范围和深度，同时生态学向其他学科领域扩散或渗透，促进了生态学时代的产生，以至生态学分支学科大量涌现。

二、生态系统

（一）生态系统的概念

在自然界中，各种生物和非生物环境因素之间通过物质循环和能量流动发生相互作用，构成一个不可分割的、稳定的自然系统，称为生态系统。

（二）生态系统的组成

1.生物成分

生物成分可分为生产者、消费者和分解者。

（1）生产者。以绿色植物为主，还有一些能借光合作用生存的菌类，它们是生物成分中能利用太阳能等能源，将简单无机物合成复杂有机物的自养生物。生产者利用能量从无机营养物制造有机营养物，光合生产者利用光能，化合成生产者利用的化学能，结合到生产者体中的有机质成为供养生态系统中所有其他生物的能量和营养物的来源。

（2）消费者。以自养生物或其他生物为食而获得生存能量的异养生物，主要是各类动物，范围很广。以生产者（植物）为食的称为初级消费者（食草动物），以初级消费者为食的称为次级消费者（食肉动物）。食肉动物之间"弱肉强食"，还可以进一步分为三级消费者、四级消费者。生态系统中还有两类特殊的消费者：一类是腐食消费者，它们以动植物尸体为食，如白蚁、蚯蚓、兀鹰等；另一类是寄生生物，寄生于生活着的动植物体表或体内，如虱子、蛔虫、线虫、菌类等。

（3）分解者。属异养生物，包括细菌、真菌、放线菌和原生动物。死亡的树叶和木材就是被这类生物分解的。它们在生态系统中的重要作用是把复杂的有机物分解为简单的无机物，归还到环境中供生产者重新利用。分解者并非食物链的终端，细菌和真菌是其他生物（如原生生物螨、昆虫等）的主要食物。

2.非生物成分

非生物成分也称环境系统，是生态系统物质和能量的来源，包括气候因子（如光照、热量、水分、空气等）、无机物质（如C、H、O、N及矿质盐分等）、有机物质（如碳水化合物、蛋白质、脂类及腐殖质等）。每种生物都必须适应它所生活的地区的非生物因子，并获得所需，否则它就无法在此生存下去。

（三）生态系统的结构

构成生态系统的各个组成部分，各种生物的种类、数量和空间配置，在一定时期均处于相对稳定的状态，使生态系统能够各自保持一个相对稳定的结构。对生态系统结构的研究，目前多着眼于形态结构和营养结构。

1.形态结构

生态系统的生物种类、种群数量、物种的空间配置和时间变化等，构成了生态系统的形态结构。例如，一个森林生态系统，其中植物、动物和微生物的种类与数量基本上是稳定的。它们在空间分布上具有明显的分层现象，即明显的垂直分布。在地上部分，自上而下有乔木层、灌木层、草本植物层和苔藓地衣层；在地下部分，有浅根系、深根系及其根际微生物。在森林中栖息的各种动物也都有其各自相对的空间分布位置，许多鸟类在树上营巢，许多兽类在地面筑窝，许多鼠类在地下掘洞。在水平分布上，林缘、林内植物和动物的分布也有明显不同。

2.营养结构

生态系统各组成部分之间通过营养联系构成了生态系统的营养结构。

生产者可向消费者和分解者分别提供营养，消费者也可向分解者提供营养，分解者又可把营养物质输送给环境，由环境再提供给生产者。这既是物质在生态系统中的循环过程，也是生态系统营养结构的表现形式。不同生态系统的成分不同，其营养结构的具体表现形式也会因之各异。

（四）生态系统的类型

自然界中的生态系统是多种多样的，为研究方便起见，人们从不同的角度把生态系统分成若干个类型。

1.按环境中的水体状况划分，可把地球上的生态系统划分为水生生态系统和陆生生态系统两大类型

水生生态系统又可以划分为淡水生态系统和海洋生态系统。淡水生态系统包括江、河等流动水生态系统和湖泊、水库等静水生态系统；海洋生态系统包括滨海生态系统和大洋生态系统等。陆生生态系统分为荒漠生态系统、草原生态系统稀树干草原生态系统和森林生态系统等。

2.按人为干预的程度划分，又可以分为自然生态系统、半自然生态系统和人工生态系统

自然生态系统：没有或基本没有受到人为干预的生态系统，如原始森林、未经放牧的草原、人迹罕至的沙漠等。半自然生态系统：受到人为干预，但其环境仍保持一定自然状态的生态系统，如人工抚育过的森林、经过放牧的草原、养殖湖泊和农田等。人工生态系统：完全按照人类的意愿，有目的、有计划地建立起来的生态系统，如城市、工厂、矿山、宇宙飞船和潜艇的密封舱等。

生态系统的大小也可以根据人们研究的需要而划定。所以，小到自然界中的一滴水，大到地球表面的生物圈，都可以称为一个生态系统。也可以说，整个生物圈就是由无数个大大小小的生态系统所组成，每个生态系统则是自然界的基本结构单元。

（五）生态系统的功能

生态系统的功能主要表现在生态系统具有一定的能量流动、物质循环和信息联系。食物链（网）和营养级是实现这些功能的保证。

1.食物链（网）和营养级

（1）食物链：是各种生物以食物为联系建立起来的锁链。按生物间的相互关系，食物链一般可分为捕食性、腐食性和寄生性食物链。

此外，生态系统中各种生物的食物关系是十分复杂的。例如，一个草原生态系统有很多种青草，食草动物除野兔外，还会有鼠、鹿等，狼既吃野兔，也吃鹿。所以，任何一个生态系统的食物链都是很复杂的，并且交织在一起，成为网状，即形成了食物网。

可见，生态系统中各种生物之间通过食物链的关系形成一个紧密联系的整体。各种群的数量应当有精确的平衡关系，破坏其中一个环节便可能造成原有生态平衡的破坏。食物链的关系还带来了污染物"生物富集"的问题。也就是说，一种有害成分随着食物链的逐级传递，浓度不断增加。越是居于食物链顶端的生物体中，污染物的浓度越高，这种现象称为生物富集或生物放大。例如，海水中的汞含量仅有10亿分之一，但通过水中藻类—小蚤—小鱼的食物链传递，在35天以后，鱼体内的汞含量可以高于水中浓度800倍。

（2）食物链上的各个环节称为营养级。生产者为第一营养级，一级消费者为第二营养级，依次为第三营养级、第四营养级。食物链的加长不是无限制的，营养级一般只有4～5级。各营养级上的生物不会只有一种，凡是在同一层次上的生物都属于同一营养级。由于食物关系的复杂性，同一生物也可能隶属于不同的营养级。低级营养级是高级营养级的营养及能量的供应者，但低级营养级的能量仅有10%左右能被上一营养级利用，其余都在维持生命活动的过程中被消耗。按照这个规律，能量在各营养级的生物之间流动的结果形成一个生态金字塔。可看出营养级别越高的动物，其种群数量就越少。

2.生态系统中的能量流动

所有生物的各种生命活动都需要消耗能量。能量在流动过程中也会由一种形式转变成另一种形式，在转变过程中既不会消失，也不会增加。能量的传递是按照从集中到分散，从能量高到能量低的方向进行的，在传递过程中又总会有一部分成为无用的能释放。生态系统中全部生命活动所需要的能量最初均来自太阳。太阳能被生物利用，是通过绿色植物的光合作用实现的。

在合成有机物的同时太阳能也转变成化学能，储存在有机物中。绿色植物体内储存的能量，通过食物链，在传递营养物质的同时，依次传递给草食动物和肉食动物。动植物的残体被分解者分解时，又把能量传给了分解者。此外，生产者、消费者和分解者的呼吸作用都会消耗一部分能量，消耗的能量被释放到环境中去。这就是能量在生态系统中的流动。

3.生态系统中的物质循环

维持生物生命所必需的化学元素数量众多，但最主要的是碳、氮、氢、氧和磷5种元素，它们占了生物体原生质的97%以上，此外还有硫、钙、镁、钾等。这些元素来自环境，构成生态系统中的生物个体和生物群落，并经由生产者、消费者、分解者所组成的营养级依次转让，从无机物到有机物再回到无机物，最后归还环境，构成了生物圈中的物质循环。生物圈中的物质循环过程包括生物的、地质的和化学的系统，称为生物地质化学循环。生态系统中的物质循环与能量流动不同，前者是生态环境中的一种周而复始的运行，能被反复利用，后者则是单向性的。

4.生态系统中的信息传递

信息传递（又称信息流）是指生态系统中各生命成分之间及生命成分与环境之间的信息流动与反馈过程，是生物之间、生物与环境之间相互作用、相互影响的一种特殊形式。在生态系统中，种群与种群之间、种群内部个体与个体之间，甚至生物与环境之间都存在信息传递。信息传递与联系的方式是多种多样的，它的作用与能量流、物质流一样，是把生态系统各组分联系成一个整体，并具有调节系统稳定性的作用。可以认为整个生态系统中能量流和物质流的行为由信息决定，而信息又寓于物质和能量的流动中，物质流和能量流是信息流的载体。

信息流与物质流、能量流相比有其自身特点：物质流是循环的，能量流是单向的、不可逆的，而信息流却是有来有往的、双向运行的，既有从输入到输出的信息传递，又有从输出到输入的信息反馈。正是由于信息流，一个自然生态系统在一定范围内的自动调节机制才得以实现。一般将生态系统中传递的信息分为营养信息、化学信息、物理信息与行为信息。

（1）通过营养交换的形式，把信息从一个种群传递给另一个种群，或从一个个体传递给另一个个体，即为营养信息。

（2）化学信息是指生物在某些特定的条件下，或某个生长发育阶段，分泌出某些特殊的化学物质。

（3）通过声音、颜色和光等物理现象传递的信息，称为物理信息。

（4）行为信息是指动物可以通过自己的各种行为向同伴们发出识别、威吓、求偶和挑战等信息。

生命是有序的象征，生命自身的演化历程始终与环境保持不间断的能量、物质和信息的交换。正是这种不停顿的交换与输入、输出，正是这种开放性，才使得生态系统的有序性得以维持和强化，系统的功能才能不断升级和进化。在生态系统的演化过程中，在自然生物界进化的悠久历史中，能量、物质和信息始终是相互交织、协同作用的。信息以物质为载体，其流动与传输又不可缺少能量的驱动，没有必要的能量与物质作为保证，要发挥信息的作用是不可想象的；而信息的传递又影响着能量、物质流动的方向与状态。在任何具体的生命体或生态系统中，能量、物质和信息总是处于不可分割的相关状态。没有这种相关状态，机体和系统的有序性就无法实现。

三、生态学的基本原则

在生态学的发展过程中，不同的学者对生态学的基本原理做了大量的研究，归纳起来，生态学的基本原则主要有以下7个方面。

（一）整体有序原则

生态系统是由许多子系统或组分构成的，各组分相互联系，在一定条件下相互作用和协作而形成有序的并具有一定功能的自组织结构。系统发展的目标是整体功能的完善，而不单是组分的增长，一切组分的增长都必须服从于系统整体功能的需要，任何对系统整体功能无益的结构性增长都是系统所不允许的。

（二）相互依存与相互制约原则

生态系统内部各组分之间经过长期作用，形成了相互促进和制约的作用关系，这些作用关系构成生态系统复杂的关系网络。一切生物都通过竞争来夺取资源，以求自身的生存和发展；同时，面对有限的资源，生物之间又通过共生来节约资源，以求能持续稳定。该原则指出了保证生态系统稳定性的机制，要求人类在开发利用资源时，要注意整个生态系统的关系网，而不是局部。

（三）循环再生原则

地球的资源是有限的，生物圈生态系统能长期生存并不断发展，就在于物质的多重利用和循环再生。生态系统内部长期演化形成了复杂的食物网和生态工艺流程，使系统内每一组分既是下一组分的"源"，也是上一组分的"汇"，没有"因"和"果"及"废物"之分。这一原则提醒人们在实施可持续发展时要在系统内部建立和完善这种循环再生机制，使有限的资源在其循环往复地充分利用，从而提高资源利用率，避免对生态环境的更大破坏。

（四）反馈平衡原则

在生态系统中，任何一种生物在其发展过程中都受到某种或某些利导因子或正反馈的作用，促进系统向某一个方向发展，也受某种或某些限制因子或负反馈机制的作用，制约系统的发展。在一个相对稳定的生态系统中，这种正负反馈机制相互作用，维持着系统的平衡。该原则要求在进行生态系统调控时，要充分注意系统内限制因子和利导因子的动态，注意其位置、作用时间和作用强度，充分发挥利导因子的积极作用，克服和削弱限制因子的消极作用。

（五）输入输出动态平衡原则

又称协调稳定原则，涉及生物、环境、生态系统三个方面。生物一方面从环境中摄取物质，另一方面又向环境中返还物质，以补偿环境的损失。对于一个相对稳定的生态系统，无论是生物、环境，还是生态系统，物质的输入与输出是相对平衡的。如果输入不足，生物的生长发育受到影响，系统正常的结构和功能就不能得到有效维持和发挥。同样，输入过多，生态系统内部吸收消化不了，无法完全输出，就会导致物质在系统某些环节的积累，造成污染，最终破坏原来的生态系统。

（六）最小因子原则

德国农学家和化学家Liebig指出，在多种影响农作物生长的因素中，作物的产量不是由需要量大的养分所限制，而是被某些微量的物质所限制。这就犹如由多块木板做成的木桶，当其中一块木板特别低时，它决定了水桶的容量。在生态系统中，影响系统组成、结构、功能和过程的因素很多，但往往是处于临界量的因子对系统功能的发挥具有最大的影响。改善和提高该因子的量值，就会大大增强系统的功能。

（七）环境资源有限性原则

一切被生物和人类的生存、繁衍和发展所利用的物质、能量、信息、空间等都可视为生物和人类的生态资源。生态平衡过程的实质就是对生态资源的摄取、分配、利用、加工、储存、再生和保护过程。自然界中任何生态资源都是有限的，都具有促进和抑制系统发展的双重作用。对于任何一个生态系统，生态资源都是经过多种自然力长期作用形成的，当其利用开采强度与更新相适应时，系统保持相对的平衡，一旦利用强度超出极限，系统就会被损伤、破坏，甚至瓦解。

第二节　生态位及城市生态位理论

一、生态位的概念、含义和类型

（一）生态位的概念

"生态"的英文"ecology"源于希腊字"oikos"，意思是"人"和"住所"。Johnson最早使用了"生态位"一词，同一地区的不同物种可以占据环境中的不同生态位。但他没有对生态位进行定义，没能将其发展成为一个完整的概念。美国生态学家Grinell最早定义了生态位的概念，生态位是恰好被一个种或一个亚种占据的最后分布单位，也称空间生态位。Elton将生态位看成物种在生物群落或生态系统中的地位与功能作用，一个动物的生态位在很大程度上决定了它的大小和取食习性，他强调的是物种之间的营养关系，即每个物种都居于一个特定的营养级位置。Hutchinsion从空间、资源利用等多方面考虑，认为生态位是一种生物和它的非生物与生物环境全部相互作用的总和。他将生态位概念拓展为既包括生物的空间位置及其在生物群落中的功能地位，又包括生物在环境空间的位置。我国学者马世骏提出了扩展的生态位理论：一种能用于不同生物组织层次的一般性概念在生态因子变化范围内，能够被生态元实际和潜在占据、利用或适应的部分，称为生态元的生态位。

近年来许多动物学家和理论生态学家将生态位与资源利用率等同。而有的植物生态学家把生态位看作植物与所处环境的总关系。虽然国内外学者对生态位表述不同，但生态位的内在含义，是有机体和其所处生境条件之间关系以及生物群落中的种间关系，各种生物因其各自独特的生存方式而各自占据持有的生境或一般指物种在生物群落中的地位和作用，不仅包括生物所占有的物理空间，还包括在生物群落中的作用。所以，生态位不仅决定生物在哪里生活，还决定了它们如何生活。目前，国内将生态位原理应用于区域规划、城市建设、环境保护等方面的研究，取得了一定的成效。

（二）生态位的含义

自生态位概念提出以来，其含义不断得到发展和深化，由于生态学家研究的角度和出发点不同，对生态位的表述也各不相同。究其本质，是一种人类生境给人类生存和活动所提供的自然禀赋和外部系统（如生产力水平、环境容量生活质量等）关系的集合。它不仅反映了一个区域的现状对人类各种经济活动和生活活动的适宜程度，同时也反映了一个区域的性质、功能、地位、作用及其人口、资源、环境的劣势，从而决定了它对不同类型的经济活动以及不同职业人群的吸引力。简而言之，生态位是指人类生存环境状况水平的高低和条件的好坏。其中，生态是指人类的生存状态；位是指人类生存的水平或条件。生态位势表示两个生态位之间的差异，对它进行研究，主要目的是分析环境为满足全人类生存所能提供的各种条件的优势程度。

（三）生态位的类型

根据不同的标准，生态位有不同的类型。从属性分，生态位大致可分为两类：一类是反映区域自然资源与环境的自然生态位；另一类是社会与经济的社会经济生态位。其中自然生态位包括自然生产条件（如气候、光照、温度、降水量等）与环境（如物理环境质量、生物多样性、景观适宜度等）；社会经济生态位包括城市的经济水平（如交通、物质、信息等）、人工资源丰富度（如资金、劳力、智力等）、物质生活和精神生活水平及社会服务水平等。生态位理论更多应用在自然领域，因此在没有特别指明情况下，生态位指的是自然生态位。

从行为分，生态位可分为生存生态位、繁殖生态位、取食生态位、再生生态位等。从来源分，生态位可分为自产生态位、非自产生态位。从功能分，生态位可分为工业生态位、农业生态位、商业生态位、人居生态位等。生态位也可分为相对生态位和绝对生态位。相对生态位对区域各划分单位生态位势的横向比较，定量计算后，反映了区域内各划分单位之间的相对生态位势，为区域划分不同功能区提供了依据；绝对生态位是以一定背景值为标准，将指数因子标准化后计算出绝对值，并从宏观上提供了区域环境的生态位势度量值。

二、城市生态位及其结构与模式

（一）城市生态位

城市生态位是指城市环境对经济发展和生活活动的适宜度。它是可利用的生态因子（气候、温度、能源、土地、矿藏等）和生态关系（经济水平、生活条件、交通状况、环境、信息等）的集合。城市生态位不仅包括生活条件，也包括生产条件；不仅有物质、能量因素，还有文化、信息因素；不仅有空间概念，还有时间概念。它反映了城市的性质、功能、地位、作用及其资源的优劣势，从而决定了它对不同类型的经济活动以及不同职业、年龄人群的吸引力和离心力。

生态位的差异称为生态位势。生态位势不同，对人群和企业等的吸引力就不同。生态位势高的地方，其吸引力强，外界人口、资金、信息、能量等都流向于此。生态位势越大，这种流向越强烈，资源、经济、环境之间的矛盾就会越激化。所以，人类经济活动总是在为占据有效生态位和缩小生态位势而努力。通过对城市生态位的分析，可以判断一个城市发展的适宜度和一个区域内的生态位势的差异度，揭示生态位因子的合理性，并从城市整体功能出发，优化城市发展战略和调控政策。对城市生态位势进行分析，主要分析城市满足人类生存所能提供的各种条件的完备程度。其方法是通过比较现实生态位和理想生态位之间存在的差异，对城市现实生态位作出评价，作为制订城市环境规划的依据。

（二）城市生态位的结构与模式

任何一个生态系统都具有各自特定的结构。结构就是一定有序水平上的状态，是生态系统稳定性的基础。从结构的合理性出发，研究系统的整体性，并据此论述生态位水平。城市是以人为主体，通过社会经济活动，把人与环境联系起来的人工生态系统，在系统内外进行着频繁的物质、能量和信息交换。城市的形成和发展主要受社会物质生产方式和城市自身条件影响。因此，城市是由社会、经济、自然三个系统组成的生态系统。这三个系统由各自特定变量子系统组成，各自变量集的选择是否合理，则视其是否适合整体，即结构合理，整体效应好，结构不合理，整体效应差。

变量是反映量和质的关系。因此，变量的选择要具有综合意义的代表性，既要简化可查，又要有可比性。遵循以上原则，结合城市的实际状况和资料的可取性，认为城市生态位由五大要素及各变量组成。

三、城市生态位理论在环境规划中的指导作用

研究城市生态位理论，对区域的环境规划有着全面的指导作用。环境规划的目的在于调控人类自身的活动，减少污染，防止资源破坏，从而保护人类生存、经济和社会持续稳定发展所依赖的基础——环境。它的主要任务为：一是依据有限环境资源及其承载能力，对人们的经济和社会活动具体规定其约束和需求，以便调控人类自身的活动，协调人与自然的关系；二是根据经济和社会发展以及人民生活水平提高对环境越来越高的要求，对环境的保护与建设活动作出时间和空间的安排和部署。

（一）人口位对环境规划的指导作用

环境规划的内容应以人口、社会、经济为基础，制定恰当的环境目标，环境规划目标是通过环境指标体系表征的，环境指标体系是一定时空范围内所有环境因素构成的环境系统的整体反映。建立合理的环境指标体系，需要弄清制约社会经济发展的主要环境资源要素，结合环境承载力分析，从城市生态位的结构和特征角度协调与环境的关系。

城市环境规划应从环境保护总体战略着手，将重点放在探求城市社会经济发

展与环境保护相协调的具体途径上，依据城市生态位理论从生产生态位和生活生态位出发，合理进行资源配置，使环境资源的开发、利用与保护并举。调整城市居住环境、产业布局、生产技术水平和污染控制技术水平，并将调整结果反馈给城市生态位变量，以改善人居环境、减少排污量、减轻环境压力为目标。

环境规划是以人为中心，以改善人居环境，提高人类生活质量为目的。同时，人的数量和素质反过来影响环境规划。人口的数量和素质不同，使得它对环境的影响方式和影响程度也不同。城市的发展、产业结构的调整和科技的进步，改变了人口数量和人口素质，也同样改变了人类生存的环境。现代环境受到自然的和人为的因素作用，形成了特有的演化方向。因此，需全面深刻地研究城市生态位理论，结合特定区域或城市特点，使环境规划更加符合地方实际情况，符合当地社会经济发展规律，对提高和改善当地环境质量状况具有实质性作用。

（二）社会、经济对环境规划的指导作用

社会、经济是城市生态位的主要子系统，它们之间相互作用、相互制约，并处在不断的动态发展过程中。因此，在环境规划中必须要考虑社会和经济的发展现状和发展速度。如果环境规划与社会、经济的发展现状和发展速度脱节，那么环境规划就与实际情况不符，也就失去了规划的意义。因此，充分认识社会和经济在环境规划中的影响，对环境规划的正确把握和顺利实施，都是具有重要作用的。

伴随着科技的发展和生产力的进步，人类的生存状况和生活水平得到了极大的改善。但是，随着人类对自然资源的过度开采和利用，破坏了自然界的生态平衡，社会和经济的过快发展导致生态破坏和环境质量下降，并直接影响到人类的生存状况和生活环境。要解决由社会、经济发展引起的环境问题，需要认真研究城市生态位中社会、经济的位置和作用，使环境规划与实际相结合，有的放矢，真正体现环境规划的作用和意义。

第三节 工业生态学与生态工业园理论

一、工业生态学

20世纪60年代，日本政府通产省的工业机构咨询委员会开展了前瞻性研究，其下属的工业生态工作小组通过研究，提出了以生态学的观点重新审视现有工业体系和应在生态环境中发展经济的观念。工业系统应向自然生态系统学习，并可以建立类似于自然生态系统的工业生态系统。每个工业企业与其他工业企业相互依存，相互联系，以便运用一体化的生产方式代替过去简单的传统生产方式，减少工业活动对环境的影响。

工业生态学是人类在经济、文化和技术不断发展的前提下，有目的、合理地去探索和维护可持续发展的方法。要求不是孤立而是协调地看待产业系统与其周围环境的关系。这是一种试图对整个物质循环过程，从天然材料、加工材料、零部件、产品、废旧产品到产品最终处置加以优化的系统方法。需要优化的要素包括物质、能量和资本。

工业生态学实践者界定的工业的外延非常广泛，涵盖了人类的各种活动，其研究范围不仅局限在一个企业的围墙之内，而是扩展到人类生存和活动对地球造成的各种影响，包括社会对资源的利用，成为循环经济理论产生的基础。

二、生态工业园

生态工业园是商务（企业）群体，其中的商业企业互相合作，而且与当地的社区合作，以实现有效的资源（如信息、材料、水、能源、基础设施和天然生境等）共享，产生经济和环境质量效益，为商业企业和当地社区带来平衡的人类资源。生态工业园可定义为一种工业系统，它有计划地进行材料和能源交换，寻求能源与原材料使用的最小化，废物最小化，建立可持续的经济、生态和社会关系。

我国国家环境保护总局把生态工业示范园区（生态工业园区）定义为依据清洁生产要求、循环经济理念和工业生态学原理而设计建立的一种新型工业园区。它通过物流或能流传递等方式把不同工厂或企业连接起来，形成共享资源和互换副产品的产业共生组合，使一家工厂的废弃物或副产品成为另一家工厂的原料或能源，模拟自然系统，在产业系统中建立生产者—消费者—分解者的循环途径。

在科学发展观念和循环经济理论指导下，我国生态工业园建设也取得了较大进展。国家环境保护总局已正式确认把贵港生态工业国（制糖）、海南生态工业园（环境保护产业）、鲁北企业集团（石膏制硫酸联产水泥和海水利用）、湖南黄兴生态工业园（电子、材料、制药和环境保护等多产业共生体）和内蒙古包头生态工业园（铝电联营）等作为国家生态工业示范园。

三、工业生态学与生态工业园理论在环境规划中的指导作用

环境规划实质上是一种克服人类经济社会活动和环境保护活动盲目性和主观随意性的科学决策活动。它的基本任务一是约束人们的经济和社会活动行为及需求，协调人与自然的关系；二是在时空上安排和部署环境保护与建设活动。工业生态学与生态产业园是在生态学、生态经济学、产业生态学和系统工程理论指导下，将在一定地理区域内的多种具有不同生产目的的产业，按照物质循环、产业共生原理组织起来，构成一个从摇篮到坟墓利用资源的具有完整生命周期的产业链和产业网，以最大限度地降低对生态环境的负面影响，求得多产业综合发展的产业集团。在运行过程中，有计划地进行物质和能量交换，高效分享资源，寻求资源和能源消耗量最小化，废物产生最小化，建设可持续发展的经济、生态和社会关系。

这种现代工业系统运行机制的耦合思想，对城市开发区的环境规划都起着指导性作用。由于开发区一般是在原农业区或未开发区域上重新建设的新区，原有工业基础薄弱，城市化水平低，环境质量良好，在工业生态学与生态工业园理论指导下，遵循物质能量循环流动规律，围绕经济开发这一中心，科学地制定环境规划，约束人们的经济社会活动行为，安排和部署环境保护活动，为开发区的开发方向、开发规模、开发速度、经济结构、生产布局以及环境建设等提供科学依据，寻求经济、社会、环境协调发展的有效途径和方式。

第四节　城市复合生态系统理论

一、复合生态系统理论

（一）复合生态系统的定义

我国著名生态学家马世骏教授首先提出了复合生态系统的定义：当今人类赖以生存的社会、经济、自然是一个复合大系统的整体。社会是经济的上层建筑；经济是社会的基础，又是社会联系自然的中介；自然则是整个社会、经济的基础，是整个复合生态系统的基础。以人的活动为主体的系统，如农村、城市及区域，实质上是一个由人的活动的社会属性和自然过程相互关联构成的社会—经济—自然复合生态系统。

随后，马世骏不断地完善了复合生态系统的结构，认为人类社会是其内核，包括组织机构与管理、思想文化科技教育和政策法令，是复合生态系统的控制部分；人类活动的直接环境，包括自然地理的、人为的和生物的环境，它是人类活动的基质，也是复合生态系统基础，常有一定的边界和空间位置；外层是作为复合生态系外部环境的库，它为复合生态系统提供物质、能量和信息，无确定的边界和空间位置，仅代表源、槽、汇的影响范围。其中源是提供资金和人力，汇是接纳该系统的输出，槽是沉陷存储物质、能量和信息。

（二）复合生态系统的结构和功能

1.复合生态系统的结构

由定义可知，复合生态系统是由社会、经济、自然三个相互作用、相互依赖的子系统共同构成的一个庞大的生态系统。其中自然子系统以生物结构及物理结构为主线，以生物环境的协同共生及环境对人类生活的支持缓冲及净化为特征，它是复合生态系统的自然物质基础；而社会子系统以人口为中心，包括年龄结构、智力结构和职业结构等，通过产业系统把它们组成高效的社会组织；此外，经济子系统的健康运行，使物质能顺畅输入输出，产品实现供需平衡，资金积累速率与利润增长，是促进社会进步、增强环境保护工作的必要条件。这种子系统之间相互联系、相互制约的关系，即构成了复合生态系统的结构。它决定着复合生态系统的运行机构和发展规律。

另外，从生态系统构成来说，复合生态系统也是由无机环境、生产者、消费者、分解者组成的综合体。在各组成部分之间，通过物质循环和能量转化密切地联系在一起，且相互作用，互为条件，互相依存。

2.复合生态系统的功能

系统的结构与功能是相辅相成的，复合生态系统的功能包括生产、生活、还原和信息传递四大功能。它可为社会提供丰富的物质和信息产品；为人类提供便利的生活条件和舒适的栖息环境；确保自然资源的可持续利用，和社会、经济、环境的协调持续发展；可通过生物和生物、生物和环境，以及人类和自然、社会、经济的信息传递和反馈，来改造和调节生态系统中生物和人类的活动，为人类服务。

（三）复合生态系统的特征

复合生态系统具有人工性、脆弱性、可塑性、高产性、地带性和综合性等特性。其三个子系统也各有其特征和影响因素。其中社会系统受人口政策及社会结构的制约，文化、科学水平和传统习惯都会影响社会组织和人类活动的相互关系；经济系统常以价值高低来衡量其结构与功能的适宜性；自然系统可为人类生产提供丰富的资源，但资源有限。另外，组成复合生态系统的三个子系统之间又具有互为因果的制约与互补关系。例如，稳定的经济发展需要有持续的自然资源供给，良好的工作环境和不断的技术更新。大规模的经济活动必须依赖于高效的社会组织、合理的社会政策，才能取得相应的经济效果；反之，经济的振兴必然促进社会的发展，增加积累，提高人类的物质生活和精神生活，促进社会对自然环境的保护和改善。在复合生态系统中，人类既是最活跃的积极因素，也是最强烈的破坏因素。因而，复合生态系统是一类特殊的人工生态系统，兼有复杂的社会属性和自然属性。一方面，人是社会经济活动的主人，以其特有的文明和智慧驱使大自然为其服务，使其物质水平和精神文化以正反馈为特征持续上升；另一方面，人始终是大自然的一员，其一切宏观性质的活动，都必须遵循自然生态系统的基本规律，受到自然条件的负反馈约束和调节。因此，人类任何违背自然规律，破坏自然环境的活动，都将受到自然的报复和惩罚。

二、城市复合生态系统

（一）城市复合生态系统的定义

特定地域内的人口、资源、环境（包括生物和物理的、社会的和经济的、政治的和文化的）通过各种相生相克的关系建立起来的人类聚居地或社会、经济、自然的复合体称之为城市复合生态系统。

城市是一个以人类行为为主导、自然生态系统为依托、生态过程所驱动的社会—经济—自然复合生态系统。其自然子系统由中国传统的五行元素水、火（能量）、土（营养质和土地）、木（生命有机体）、金（矿产）所构成；经济子系统包括生产、消费、还原、流通和调控五个部分；社会子系统包括技术、体制和文化。城市可持续发展的关键是辨识与综合三个子系统在时间、空间、过程、结构和功能层面的耦合关系。

由于城市病的日益严重，生态城市被认为是能够实现可持续发展的未来城市模式，它追求城市复合生态系统中各子系统结构合理、功能高效、关系协调，具备社会和谐有序、经济发达、自然环境优美且生态功能得到充分发挥的一种健康的复合生态系统，其理论渊源可以追溯到我国古代天人合一的哲学理念。

（二）城市复合生态系统的典型特点

1.人类是城市生态系统的主导

在城市生态系统中实施的一切城市建设和调控，均是以满足城市居民的就业、居住、交通、供应、文娱、医药、教育、休闲及生活环境等方面的要求为目标的。一方面，城市社会系统、经济系统和自然系统向城市人群提供物质、能量和信息；另一方面，城市人群为社会系统提供管理决策和信息，为经济系统提供劳动力和智力，向自然系统排放并治理各种生产和生活废弃物，这使城市生态系统表现为以人为中心和主体，人群在城市生态系统中起着主导作用。

2.经济是城市社会存在和发展的基础

经济是城市建设的基础性要素，城市生态系统的存在和发展都必须依赖城市的经济实力、经济发展速度和发展潜力。经济状况直接影响城市工业、商业、交通运输、通信、基础公益设施、文化教育设施等方面的发展和建设，决定着城市居民的消费水平和消费结构，还影响城市生态环境的改善与环境污染的治理等，从而制约着城市的发展和城市的规模。

3.自然是城市生态系统的基石

淡水资源、土地资源、矿产资源和能源等自然资源是城市得以维持的物质基础，也是城市人群生存的前提条件。城市自然亚系统由城市所具有的物质、能量和信息等因素构成，它作为城市生态系统的资源环境背景，制约着城市的发展和规模，也影响着城市生态系统的生态环境状况及其对污染物的缓冲、净化能力。

4.社会决定着城市的有序运转

城市的有序、高效运转有赖于城市管理部门和职能部门的管理与协调，而城市人群的数量与人口素质，以及城市的各种社会化功能组织也受社会发展水平的影响。对于现代城市，无论是物质、能量，还是城市人群，都处于一种高度密集状态，如果没有有效的管理协调机构，势必导致城市的紊乱，因而使现代城市在很大程度上完全依赖于城市社会管理机构来维持城市的稳定和协调发展。

5.城郊和乡村是城市生态系统的依托和支撑

城市与其周围的城郊和乡村有着十分密切的关系。一方面，城市为其周围的城郊和乡村提供工业产品、交通运输、文化教育、金融商贸、通信娱乐、信息等服务；另一方面，城郊和乡村则为城市提供食品和原材料，劳动力资源，废物消纳和储存的场所等。所以彼此间有着广泛的能量、物质、信息交流，形成了相互依赖、相互补充的关系。

（三）城市复合生态系统的结构特征

1.空间结构特征

（1）从平面结构来说，城市复合生态系统总体趋势表现为从市中心向四周逐渐辐射的同心圆式结构。这种辐射结构，使人口密度、建筑密度、污染物浓度，以及各种其他形式的物质、能量和信息都表现为沿市中心向四周逐渐降低，而城市植被和野生动物则呈现相反的渐变趋势，但是在城乡接合处，表现出明显地突变特性，因此，城市热岛效益明显。此外，城市复合生态系统还具有沿河流道路等呈现一定的带状分布结构。而且嵌合型分布现象普遍，如院落式嵌合分布，城市绿地和自然景观（如湖泊）点缀市区，公益设施星罗棋布，以污染源为中心的污染物围城散布等。

（2）从垂直结构来说，城市复合生态系统作为一种高度人为干预下的人工生态系统，其垂直结构与自然生态系统具有很大的差异，这主要表现在以下3个方面：

首先，人工构筑物成为垂直分层的主要构成。在城市生态系统中，地质因素造成的垂直分层成为次要因素，而立交桥、地下通道、地下涵道、高层建筑等人工设施，成为城市生态系统环境因素垂直分层的主要构成。在城市生态系统中，生物种类和数量大幅度减少，生物群落单一化，使生物分层现象减弱，而城市人群的人居环境和活动范围在垂直梯度上得以大大加强。

其次，垂直分层更趋复杂化。人类在城市生态系统中的高强度人工改造，一方面，极大地丰富了城市生态系统垂直结构的内容和组成；另一方面，各种通风和保暖设施的使用，也形成了城市气候因子垂直分层的不确定性。

最后，在大气垂直分布上，城市易出现逆温现象，造成空气污染。由于大面积的混凝土路面，城区地面状况发生巨大改变，加上城市高层建筑较多，构筑物之间的空气对流减弱，从而容易发生逆温现象。当城市出现逆温现象时，空气污染物难以通过空气对流而扩散，因此导致城区大气污染加重。

（3）城市生态系统的空间结构特征除了表现在平面和垂直结构方面外，还表现为城市具有不同的用地类型。通常，城市的主要功能分区包括城市中心商业区、居住区、文教卫生区、公共设施区以及工业区。在这些不同的生态分区内，也存在不同的特征，如城市中心商业区土地利用强度很高，居住区和文教卫生区绿化较多，工业区废物排放量大等。

2.时间结构特征

城市生态系统中的动植物和自然生态系统中的一样，具有随地球自转和公转产生的时间结构，即不同时季表现出不同的外貌特征。但是，由于城市生态系统中的生物种类和种群数量大幅度减少，这种时间结构已被大大削弱。例如，城市的绿化树种大多选用常绿树种，使四季交替变得模糊，城市生境长期特化，使动物的大规模迁徙已难见到。

虽然城市生态系统中气候因子、地质因素、宇宙因素等所引起的时间节律依然存在，但由于城市人工控制环境因素的能力大大提高，如用电照明、空调保温等使这类环境因素对城市生态系统的影响在一定程度上得到了缓解。因此，城市复合生态系统的时间结构具有简单化和趋同化的特点。

三、城市复合生态系统的生态流

城市生态系统最基本的功能是满足城市居民的生活和生产需求，具体表现为城市的物质生产、物质循环、能量流动和信息传递等形式的生态流。正是生态流的循环往复流动，把城市生态系统内的社会、经济、自然因素，以及城市内部和外部环境密切联系起来，促进城市生态系统的协调健康发展，实现了城市的新陈代谢。

（一）能量流

城市生态系统的能量来源包括两大部分：一部分是太阳辐射能和其他形式的自然能源（如风能、水力、地热等）；另一部分是附加的辅助能，如化石燃料、食物能等。进入城市的能量在使用过程中将改变形态，一部分以热能或化学能的形式储存起来，另一部分则以热、声光、电、辐射以及化学能的方式输出到系统外。

由于城市生态系统的能量转化效率是有限的，因此需要消耗大量不同形式的能源，以维持系统的正常运转和城市的高速发展，加之可利用能源产量有限，分布不均，所以不但造成能源紧缺，而且还造成了大量的能源浪费和环境污染，这严重制约了城市的发展。为了解决能源危机，未来城市能源利用将会向提高能源利用率，减少浪费；大力发展生物能源；开发清洁能源等方面发展。

（二）物质流

城市的发展往往伴随着资源消耗、环境污染和生态占用，这些问题可以归结为城市物质代谢在时间、空间尺度上的阻滞与耗竭，其实质是人类与自然关系的生态问题。因此，阐明这些物质的收支、转移和变化，不仅有助于对城市生态系统特征的认识，而且也是解决城市各种问题的基础。

城市物质流分析框架包含3部分9类。其中输入部分包含调入、本地开采、用作平衡项的空气3类；输出部分包含调出、污染物排放、耗散性物质、平衡项4类；系统内部构成部分包含物质净存量和通量2类。

在进入城市生态系统的物质中，一部分在城市内部不发生变化，仅作为流通物质或商品保持原形再输出城市或保留在城市中；另一部分则很快被使用而改变其形态。例如，木材、钢材、水泥、石料等建筑材料，多长期存储在城市内部，成为城市的一部分，同时也扩大了城市的空间；而生产原料（如煤炭、石油、矿物）在城市内部经加工后，一部分用于满足城市内部自身需求，一部分运往外界；生产过程中产生的废弃物，一部分留在城市内就地处理或再生利用，另一部分则输出市外。物质在城市内停留时间的长短，取决于物质的种类、理化性质、用途、社会经济条件等。

此外，物质的输入、输出规模、性质、代谢水平随城市规模和性质的不同而不同。例如，工业城市的输入以原料、能源为主，输出则以加工产品为主；风景旅游城市的输入以消费品为主，输出中废弃物的比例较大；交通与港口城市的输入输出以中转物质为主，物质材料的输入量、输出量极大。

通常认为，输入和输出收支平衡的城市，即输入略大于输出，其规模、内部积蓄变动较小，能维持相对的动态平衡。输入明显超过输出的城市，属于发展型城市；输入比输出小得多的城市，表明城市的整体规模会逐渐衰落。

（三）信息流

城市既是现代政治、经济、文化中心，也是汇集和传递信息的中心，对周围地区具有强大的辐射力与凝聚力。输入分散的、无序的信息，输出经过加工的、集中的、有序的信息是城市的重要功能之一，由于现代化信息技术的高速发展、邮政、电信等现代化城市的基础设施不断完善，尤其是互联网的迅速发展和普及，使得城市生态系统中信息流流量急剧增大，传递和反馈更加方便快捷，信息的价值也更为突出，得到人们的广泛认可。因此，城市的信息流异常丰富和复杂。城市信息系统包含了大量的信息，是城市历史的、动态的科学档案，对了解城市的发展规律，调控城市的生态结构具有重要作用。但是由于城市信息系统是一个复杂的、多学科的社会性工作，而且其空间结构是多层次的，因此城市信息系统的建立，必须根据城市特点，针对有限目标，有计划、有步骤地进行。

四、城市复合生态系统理论在环境规划中的指导作用

（一）城市复合生态系统与环境规划的关系

环境规划是人类为使环境与经济和社会协调发展而对自身活动和环境所作的空间和时间上的合理安排。其目的是指导人们进行各项环境保护活动，按既定的目标和措施合理分配排污削减量，约束排污者的行为，改善生态环境，防止资源破坏，保障环境保护活动纳入国民经济和社会发展计划，以最小的投资获取最佳的环境效益，促进环境、经济和社会的可持续发展。它具有整体性、综合性、区域性、动态性以及信息密集和政策性强等基本特征，与复合生态系统的结构和功能相呼应。

在编制城市环境规划的过程中，无论是信息的收集、储存、识别和核定，功能区的划分，评价指标体系的建立，环境问题的识别，未来趋势的预测，方案对策的制定，环境影响的技术经济模拟，多目标方案的评选等，都与城市复合生态系统的功能密不可分。由于城市复合生态系统的三个子系统相互依存，因此，人类活动对复合生态系统的任何一个子系统造成影响，都将干扰系统的运行机制及状态，如果影响程度超过系统的调节能力和承受极限，就会破坏复合生态系统。当前，城市社会—经济—自然复合生态系统内部存在的主要矛盾包括：人类生活对自然生态环境条件相对稳定的要求与当前城市自然生态环境急剧变化的矛盾；矿产和地下水等资源的有限性与人类需求无限性之间的矛盾；人类改变城市自然环境的快速性与城市自然环境恢复和调节缓慢性之间的矛盾；城市废物排泄快速性与自然分解和消纳废物的缓慢性之间的矛盾。所以在环境规划中，应从社会、经济、自然三个子系统的结构和功能入手，探索各子系统之间相关联的方式、范围及紧密程度，把环境保护活动纳入经济和社会发展计划中，合理分配排污削减量，有效地获取环境效益，从而改善复合生态系统的运行机制，保证社会、经济、自然三个子系统之间的良性循环，以达到环境规划的最终目标，实现环境与经济、社会的协调发展。

（二）城市复合生态系统理论在环境规划中的指导作用

环境规划实质上是一种克服人类经济社会活动和环境保护活动盲目性和主观随意性的科学决策活动。因此，环境规划要以经济和社会发展的要求为基础，

针对制约社会经济发展的主要环境资源要素，结合环境承载力分析，从经济—社会—自然复合生态系统的结构、特性、规模与发展速度的角度出发，协调城市发展与环境的关系，提出相应的协调因子，反馈给城市复合生态系统，并从政策和管理方面提出建议，归纳出环境治理措施和战略目标。

1.自然子系统对环境规划的指导作用

自然环境是环境演变的基础，也是人类生存发展的重要条件，它制约着自然过程和人类活动的方式和程度。城市自然环境的结构、特点不同，将直接影响并决定人类利用自然发展生产的方向、方式和程度；决定人类活动对环境的影响方式和程度；也影响着环境对人类活动的适应能力和对污染物的降解能力。同时，现代科学技术的发展极大地增强了人类能动地改造自然的能力，在城市中，原有自然环境的很多特征都会被人类活动迅速改变，形成新的城市环境。

城市复合生态系统环境在自然环境的基础上叠加社会环境和经济的影响，会形成与自然环境的演化方向完全不同的方向。因而，在环境规划中，必须综合研究城市的复合生态系统，结合其特征和区域差异，编制能充分体现地方特色的规划，使其符合当地社会经济发展规律，有利于城市环境质量状况的改善。

2.社会、经济子系统对环境规划的指导作用

城市复合生态系统的社会、经济、自然三个子系统是相互联系、相互制约的，而且在生态流的不断流动和循环中动态地发展。因此，环境规划必须首先考虑社会和经济的发展变化，并随其变化而不断调整规划的内容，以促进城市社会—经济—自然复合生态系统的健康发展。此外，环境规划还必须协调好环境保护和社会、经济发展的矛盾，避免不合理地利用自然资源和管理不善，使人类的社会经济活动对自然生态系统的干扰加剧，导致城市环境质量下降和生态退化，最终影响人类自身的生活、健康和福利。

因此，做好城市环境规划就必须协调好复合生态系统中社会、经济和自然的关系，脱离城市复合生态系统而编制的环境规划，必定是不切实际甚至毫无使用价值的。

五、城市复合生态系统调控理论

（一）城市生态系统的调控机制

在控制论中，有转换性能的结构都可以看作转换器，其中对转换器进行调节的部件称为调节器，控制调节器的人或物称为控制者，因此，任何一种自然过程，都可以看作一种信息转换过程。通过亿万年的进化，自然界已形成了十分巧妙的自我调节和控制能力。自然生态系统中各种生物通过相互联系使整个群落自发地由低级向高级发展，生物本能的调控机制使个体能对外界条件做出适当的反应，如植物光合作用过程和水分平衡过程的自动调节，昆虫的激素关系、食物链关系、共生关系等，这些构成了自然生态系统自我调节的一部分。自然生态系统的这类没有形成一个控制中枢机构的调控称为非中心式调控，执行这类调控方式的机制称为非中心调控器。

城市复合生态系统是人类驯化自然生态系统的产物，因此，它同时具备中心式和非中心式调控结构。在这种调控结构中存在着复杂的层次关系，其中基本转换器既可由更低层次的非中心式调控结构组成，又可由中心式调控结构组成，这种多方位的调控使城市生态系统能够维持其稳定和协调发展。

（二）城市生态系统调控的基本原则

要调控好城市复合生态系统中的自然、社会和经济的关系，必须要遵循以下的原则，才能达到最佳的效果。

1.生态效益、经济效益和社会效益统一的原则

在这一原则下，要求城市的规划和发展，要确保城市生态系统中的生态流传递和流通顺畅，能得到及时的反馈和改进，同时需有效保护和合理利用系统内的自然资源，对城市环境的污染和破坏实施有效的治理和防止，能使城市中的生产活动给经营者带来高的经济收入和其他有益的经济效果，提高人类物质条件和精神水平，从而使现有的城市复合生态系统变得更有利于生物和人类本身的生存和生活，实现良好的生态效益、经济效益和社会效益的统一。

2.生产活动与生态规律统一的原则

现有的大多数城市环境问题，都是因为生产活动未遵循生态规律，过分追求经济效益和利润，而滥用资源造成的。可见违背生态规律必然招致自然的惩罚。

但如果脱离当时当地的具体情况，在经济条件较差、基础设施建设较薄弱的城市，在居民的基本生活条件尚未完全解决时，过分地强调生态效益，又可能走向另一个极端。所以，在调控城市生态系统时，必须统一好两者的关系，既要做到尽可能遵循自然生态规律，又要使调控措施切实可行，使调控收到良好的社会经济效果。

3.自然调控与人工调控相结合的原则

城市复合生态系统是同时具备人类中心式和自然非中心式调控结构的系统，因此，充分深入地了解、借鉴和利用这些自然调节机制，有助于建立合理的城市生态系统。此外，人类为了使城市生态系统的能量和物质转化更符合人类的利益，充分利用社会生产力和科学技术的成果，使用各种手段对系统进行调节和控制。这种人工调控与自然调控同时并存、互相补充的方式，已取得较好的效果，如在城市污水处理和城市固体废弃物的处理等方面。

4.因地制宜，提倡多样性原则

不同的城市有着不同的自然、社会和经济特点，因此，对城市生态系统的调节和控制，必须根据各地的具体情况，充分发挥本地优势，因地制宜地建立多种形式的城市生态系统，才能取得良好的效果。此外，城市生态系统的多样性不仅是指不同城市之间的差异，也包括城市内部不同街区或社区之间的差异，发挥景观多样性、生物多样性、人文多样性等，实现城市和社区的个性化发展。这样，才能因地制宜，增加城市生态系统的多样性，以保证城市生态系统的稳定性和持续性。

（三）城市生态系统调控机制的层次

城市生态系统的调控机制可以分为三个层次：第一个层次是自然调控，它是从自然生态系统继承下的调控方式，通过生态系统内部生物与生物、生物与环境，以及环境因子彼此之间的物理、化学和生物的作用来完成；第二个层次是人工调控，即人类利用现代科学技术来调节和控制城市生态系统中的生物环境和非生物环境，预防和减轻灾害损失，维持城市生态系统的稳定持续发展；第三个层次是间接调控，即社会经济系统对城市生态系统的间接调节，包括财贸金融系统、公交通信系统科技文教系统、政法管理系统等。

在城市复合生态系统的调控中，只有充分地利用不同层次的调控机制，进行综合性的、全方位的调控措施，才能取得最佳的效果。

（四）城市生态系统调控的手段

1.提高城市复合生态系统的环境承载力，控制城市人口

环境承载力是某种环境状态与结构在不发生对人类生存发展有害变化的前提下所能承受的人类社会的作用，是环境本身具有的有限性及自我调节能力。城市环境一方面为人类活动提供空间及物质能量，另一方面容纳并消化其废弃物，在城市复合生态系统中，人类通过节约资源，建设环保工程，主动地、积极地适应环境、改造环境，可有效提高城市环境的承载力。但是，城市环境承载力是有限的，所以城市人口必须控制在生态系统环境承载力之内，包括土地承载力、水源容量、资源能源承载力及空气环境等。

2.增强城市符合生态系统抵抗力，保护生物多样性

抵抗力是生态系统抵抗外干扰并维持系统结构和功能原状的能力，是维持生态平衡的重要途径之一。环境容量、自净作用等都是系统抵抗力的表现形式。城市是人口和工业生产集中的地域，一方面，维持城市运转需要自然界大量物质供给和输入，常会超越城市所在区域自然生态环境负荷能力；另一方面，城市工业生产与城市居民生活排出的大量废弃物，常超出城市生态系统的自净能力，因此，通过自然和人工调控来提高生态系统调节能力及自身恢复力至关重要。

在人工调控方面，可以通过各种节能技术、"三废"治理技术、经济手段、政策管理等来提高城市复合生态系统的抵抗力；在自然调控方面，由于园林绿地是城市生态系统的重要组成，既是城市生态系统的初级生产者，也是生态平衡的调控者，保留和建造一定数量和质量的绿地不仅是美化城市景观和市容的需要，也是丰富城市生物多样性、减轻环境污染必不可少的措施。

3.保证系统循环的连续性，大力发展循环经济

多数城市都需要从外部输入城市生产、生活活动所需要的各类物质，同时也输出大量物质。如果没有循环，就没有城市生态系统的存在，抑制或阻塞物质循环于生态系统的某一点，都将威胁整个城市的生态系统的生态平衡。因此，必须放开市场，开放经济，建立、健全合理的经济体制和市场体系，保证城市间及城乡间自由输入物质、能量、信息，并向外输出产品、废物、信息。

然而当前城市线性的生物流，导致了大量资源的浪费和环境的污染。而循

环经济是按生态经济原理和知识经济规律组织起来的基于生态系统承载能力，具有高效的经济过程及整体、协同、循环、自生功能的网络型、进化型复合生态经济。它通过纵向、横向和区域耦合，将生产、流通消费、回收、环境保护及能力建设融为一体，使物质、能量能多级利用、高效产出，自然资产和生态服务功能正向积累、持续利用，所以发展循环经济，可将城市单项的生物流循环起来，使污染负效益变为经济正效益，实现城市生态系统可持续发展。

4.协调城市中人与环境的相互关系，加强生态文化建设、生态规划和管理

人类是城市的主体，通过不断改造城市，以利于自身的生活和生产活动，既可以促进经济、社会和自然和谐发展，也可以因为过度追求经济，而破坏城市的自然生态环境。因此，一方面，结合现代科学技术倡导一种天人合一的生态文化，即人与环境和谐共处持续生存、稳定发展的文化，包括体制文化、认知文化、物态文化和心态文化，从而提高人们的环保意识和人生观、自然观、发展观；另一方面，加强生态规划和管理，即运用生态学原理、方法和系统科学的手段来辨识、模拟和设计人工生态系统内的各种生态关系，探讨改善系统生态功能，促进人与环境关系持续发展。

第四章 生态环境规划

第一节 生态环境规划概述

一、生态环境规划的概念及作用

（一）生态环境规划的内涵

生态环境规划是人类为使生态环境与经济社会协调发展而对自身活动和环境所作的时间和空间上的合理安排。生态环境规划是以社会经济规律、生态规律、地学原理和数学模型方法为指导，研究与把握社会—经济—环境生态系统在较长时间内的发展变化趋势，提出协调社会经济与生态环境相互关系可行性措施的一种科学理论和方法。实质上是一种克服人类经济社会活动和环境保护活动盲目性和主观随意性的科学决策活动。

（二）生态环境规划的作用

1.生态环境规划是实施生态建设与环境保护战略的重要手段

生态建设与环境保护战略只提出了方向性、指导性的原则、方针、政策、目标、任务等方面的内容，而要把生态建设与环境保护战略落到实处，则需要通过生态环境规划来实现，通过生态环境规划来具体贯彻生态建设与环境保护的战略方针和政策，完成生态环境保护的任务。

2.生态环境规划是协调经济社会发展与生态环境保护的重要手段

联合国环境规划署在总结世界各国经验教训的基础上，提出持续发展战略。该战略思想的基本点是：生态环境问题必须与经济社会问题一起考虑，并在经济社会发展中求得解决，求得经济社会与生态环境保护协调发展。

3.生态环境规划是实施有效环境管理的基本依据

生态环境规划是对于一个区域在一定时期内生态建设与环境保护的总体设计和实施方案，它为各级生态环境保护部门提出了明确的方向和工作任务，因此它在生态与环境管理活动中占有较为重要的地位。

4.生态环境规划是改善环境质量、防止生态破坏的重要措施

生态环境规划是要在一个区域范围内进行全面规划、合理布局以及采取有效措施，预防产生新的生态破坏，同时又有计划、有步骤、有重点地解决一些历史遗留的生态环境问题，还可以改善区域生态环境质量和恢复自然生态的良性循环，体现了"预防为主"方针的落实。

二、生态环境规划的基本特征、原则和内容

（一）生态环境规划基本特征

1.主动性和指导性强

生态环境规划通过研究区域环境容量及其他特征、要求，指导区域环境功能分区、能源选择和工业布局，为合理评估各种产业规划方案提供科学依据，从而在很大程度上提高了环境规划参与区域发展建设规划和决策的主动性和指导性。

2.综合考虑自然地理和行政边界

生态环境规划综合考虑自然地理和行政边界的特点，在各种空间尺度上对区域自然地理和行政边界灵活运用，并对各尺度的区域环境进行详细研究，确保研究的整体性和各种尺度之间的相互整合，从而既满足规划的科学要求又方便规划实施后的管理。

3.区域环境功能优化与生态环境质量提高相结合

生态环境规划不单纯以改善环境质量为目的，更重要的是通过优化区域环境功能提高其生态环境整体质量。具体而言，一方面通过在建设规划和工业布局过程中合理利用区域环境容量，实现对区域环境的保护；另一方面优先考虑利用各种生态手段实现对区域环境功能的改善和优化，并以此提高区域整体生态环境水平。

（二）生态环境规划的原则

生态环境规划应以生态学原理和城乡规划原理为指导，运用系统科学、环境科学等多学科的手段辨识、模拟和设计人工复合生态系统内的各种生态关系，确定资源开发利用与保护的生态适宜度，探讨改善系统结构与功能的生态建设对策，促进人与环境关系协调可持续发展的一种规划。因此，制定生态环境规划的基本目的在于不断改善和保护人类赖以生存和发展的自然环境，合理开发和利用各种资源，维护自然环境的生态平衡。因此，制定生态环境规划应遵循以下基本原则：

第一，以生态理论和社会主义经济规律为基本依据，正确处理开发建设活动与生态环境保护的关系。

第二，以经济社会可持续发展战略思想为指导原则。

第三，合理开发、高效利用自然资源原则。

第四，生态环境保护目标可行性原则。

第五，综合分析、整体优化原则。

第六，因地制宜、复合生态系统协调发展及统筹原则。

（三）生态环境规划内容

生态环境规划种类较多，内容侧重点各不相同，到目前为止，生态环境规划还没有一个固定模式，但其基本内容有许多相近之处，主要为生态环境调查与评价、生态环境状况预测、生态环境功能区划、生态环境规划目标、生态环境规划方案的设计、生态环境规划方案的选择和实施、生态环境规划方案实施后技术支持与保障等。

三、生态环境规划的目的、任务与类型

（一）生态环境规划目的

生态环境规划的目的主要体现在保护人体健康和创建优美环境、合理利用自然资源、保护生物多样性及完整性三个方面。生态环境规划的目的可以概况为：在区域规划的基础上，以区域的生态调查与评价为前提，以环境容量和承载力为依据，把区域内环境保护、自然资源的合理利用、生态建设、区域社会经济发展

与城乡建设有机地结合起来，培育优美生态景观，诱导和谐统一的生态文明，孵化经济高效、环境和谐、社会适用的生态产业，确定社会、经济和环境协调发展的最佳生态位，建设人与生态和谐共处的生态区，建立自然资源可循环利用体系和低投入高产出、低污染高循环、低能耗高效运行的生态调控系统，最终实现区域经济社会与生态环境效益高度统一的可持续发展。

（二）生态环境规划任务

依据生态环境规划目的，生态环境规划的任务就是探索不同层次生态系统发展的动力学机制和控制论方法，辨识系统中局部与整体、眼前与长远、人与环境、资源与发展的矛盾冲突关系，寻找解决这些矛盾的技术手段、规划方法和管理方法。

（三）生态环境规划的类型

按照生态环境组成要素划分，可分为大气污染防治规划、水质污染防治规划、土地利用规划、噪声污染防治规划、污染防治规划等。按照区域特征划分，可分为城市生态环境规划、区域生态环境规划和流域生态环境规划。按照范围和层次划分，可分为国家生态环境保护规划、区域生态环境规划和部门生态环境规划。

按照规划期限划分，可分为长期规划、中期规划和短期规划。按照生态环境规划的对象和目标的不同划分，可分为综合性生态环境规划和单要素的生态环境规划。按照性质划分，可分为生态规划、污染综合防治规划和自然保护规划。

四、生态环境规划的方法

（一）McHarg生态环境规划方法

McHarg生态环境规划方法是由20世纪60年代美国宾夕法尼亚大学学者McHarg提出的生态规划，是在没有任何有害的情况或多数无害的条件下，对土地的某种可能用途进行的规划。该方法可以分为以下5个步骤：

第一，确定规划范围与规划目标。

第二，广泛收集规划区域的自然及人文资料，包括地理、地质、气候、水文、土壤、植被、野生动物、自然景观、土地利用、人口、交通、文化、人的价值观与环保意识现状调查，并分别描绘在地图上。

第三，根据规划目标综合分析，提取在第2步所收集的资料。

第四，对各主要因素及各种资源开发利用方式进行生态适应性分析，确定适应性等级。

第五，建立综合适应性等级图。

McHarg方法的核心是根据区域自然环境与自然资源性能，对其进行生态适应性分析，以确定利用方式与发展规划，从而使自然的利用与开发、人类其他活动与开发及人类其他活动与自然特征、自然过程协调统一起来。McHarg生态环境规划方法与理念在规划中最为常用。

（二）Lewis环境规划方法

Lewis环境规划方法由Lewis于1964年提出，其基本思想与McHarg方法类似，但具有独到之处，最重要的区别在于Lewis的规划方法，试图区分主要因素与次要因素在规划中的作用，以避免McHarg方法中对不同重要性要素的平等处理。由于不同自然要素在区域发展与资源利用中的作用与重要性不同，这种区分对规划有益。Lewis方法在其技术路线图中首先分析与区域发展相协调的资源利用的自然属性，以明确主要资源与辅助资源，接着分析主辅资源的关系，然后根据主要资源特征，并辅以辅助资源特征，对区域或区域资源进行区划，在生态环境区划的基础上进行适应性分析，提出规划方案。

（三）泛目标生态环境规划法

泛目标生态环境规划法即辨识—模拟—调控的生态规划方法，该方法吸取了系统规划与灵敏度模型的思想，王如松等1991年提出了泛目标生态环境规划思想，逐渐得到大家认可并应用到实践。该方法将规划对象视为一个由相互作用要素构成的系统，主要特征为：

第一，规划目标在于按生态学原理和生态经济学原则调控以人为主体的生态系统，即城乡复合生态系统的生态关系，优化系统的结构，追求整体功能最优。

第二，在优化过程中，重点优化那些上下限的限制因子动态以及这些限制因子与系统内部组分的关系。

第三，从多目标到泛目标，一般多目标规划方法的基本思想都是在固定的系统结构参数之下，按某种确定的优化指标或规划求值，其规划结果只是系统参数与最优结果间的一种特殊映射关系，导致优化结果缺乏普遍性和灵活性。而泛目标生态环境规划则在整个系统关系组成的网络空间中优化生态关系，并允许系统特征数据不定量与不确定，输出结果是一系列效益、机会、风险矩阵和关系调节方案。

第四，在规划过程中强调决策者的参与和公共参与。

第二节 生态环境调查

一、生态环境调查的基本程序和方法

生态环境调查指通过不同的方式、采用各种技术手段对所识别的评价因子进行调查，查清其数量、质量等现状情况。基本程序分为准备阶段、外业阶段及内业阶段。

生态环境调查分为常规调查和专题调查两种。生态环境调查常规方法主要有三种：资料收集法、现场调查法和遥感调查法。

（一）资料收集法

资料收集法是环境调查中普遍应用的方法，应用范围广，收效较大，比较节省人力、物力和时间。生态环境调查时首先从有关权威部门收集能够描述环境现状的资料。根据资料完整情况，再拟订现场调查、遥感调查的计划及内容，尤其补充调查计划。资料收集法所得资料往往有限，不能完全满足规划调查工作的需要，因此需采用其他方法来加以完善和补充，以获取充足的调查资料。

（二）现场调查法

现场调查法可针对调查者的主观要求，在调查的时间和空间范围内直接获得第一手数据和资料，以弥补收集资料的不足。现场调查法工作量大，需占用较多的人力、物力、财力和时间。此外，现场调查法还受季节、仪器设备等客观条件的制约。一般来说，现场调查前应根据资料收集的情况优化现场调查路线及调查指标。调查路线的选择应在不产生遗漏的前提下，选择路线最短、时间最省、穿过类型最多、工作量最小的调查线路。

现场调查工作包括野外填图、填表。即按地形底图的编排，分幅作图，调查填图工作，沿预定线路边调查、边观察，勾画行政界和地块界，并着手编号。调查土地利用现状、地貌部分、岩石、土壤坡度、植被和土壤侵蚀情况，填入调查登记表。为减轻外业工作量，可利用已有的地质图、土壤图、植被图等资料来确定或验证，或做补充修正。填图填表时，可使用规定的图例、标记符号、编号等。底图上的地形、地物有差错的要修正，没有的要补充，必要的可进行局部补测。

（三）遥感调查法

遥感调查法是利用航天或航空遥感技术，即利用安装在遥感平台上的各种电子和光学遥感器，在高空或远距离处接受来自地面或地面以下一定深度的地物辐射或反射的电磁波信息，经过各种信息处理，变成可判读的遥感图像或数据磁带，然后对遥感信息进行解析，从而获得所需要的区域资源信息。

目前常用的遥感图像解析方法有人工解译分类和计算机自动解译分类两种，信息源为航片和卫星遥感数据两类，计算机解译在遇到问题时还需借助现场调研方法进行验证。遥感调查方法的步骤包括解译分类、边界划分、面积测量、属性统计、专题图转绘等过程。

二、生态环境调查的基本内容

生态环境调查内容包括以下4个方面：

第一，生态系统调查包括气象、水文、水质、土壤、植被、地形、地貌等因子的质量、特点、数量等；动植物种类、数量、分布、生长、繁殖规律等；生态系统的类型、特点、结构及生态系统服务功能等。

第二，社会经济状况调查包括人类干扰程度（土地利用、水资源利用现状等）、工农业影响情况、人口资源状况、产业结构分布、国民生产状况等。

第三，生态敏感性目标调查包括特殊自然资源、特别保护目标等，如各种重要自然景观（如水源地、水源涵养林、集水区等）、各种特有自然物（如分水岭、地质遗迹等）、特殊生物保护地（如植物园、果园、苗圃、驯化基地、育种地等）等。

第四，生态环境历史变迁、主要生态环境问题调查包括水土流失，荒漠化，土地退化，森林、植被退化，生物多样性丧失等生态环境质量问题及沙尘暴、干旱、洪涝、泥石流、台风、病虫鼠等自然灾害。

调查中应注意收集相关图件：地形图（规划区及其界外区的地形图一般为1：10000或1：500000）；其他基础图件，包括土地利用现状图、植被图、土壤图等。

第三节　生态环境评价

一、生态环境现状评价

生态环境现状评价内容一般可从以下7个方面进行。

（一）生态因子现状评价

生态因子的类型因分类方法不一样而多种多样，传统方法把生态因子分为生物因子和非生物因子。前者包括生物种内及种间关系，后者包括气候、土壤、地形等。根据生态因子的性质可分为以下几类进行生态因子评价工作。

1.气候因子评价

主要采用光照时数、有效辐射大小、降水、蒸发等有关的气候因子参数，用以说明生物及生态系统所处条件的优劣。

2.水资源因子评价

包括地面水与地下水两部分，多数以地面水资源的评价为主，其评价内容应包括水质和水量两个方面。可采用水资源的总量、有效可用量、供需平衡、地下水储量等指标。

3.土壤因子评价

主要阐明区域内的土壤类型、理化性质、土壤肥力状况、土壤成土母质与形成过程、保水蓄水性能、主要土壤类型的生产能力、土壤受到水力和风力侵蚀以及污染等影响的程度与范围。

4.地形地貌因子

地形因子如地面起伏特征、坡度、阴坡和阳坡等。

（二）生物资源现状评价

生物资源是受人类活动影响的主要承受者，是生态环境现状评价中主要内容之一。生物资源的现状评价可从物种与生物群落两个层次上进行评价，物种层次上可采用列清单的方法进行，生物群落层次上应以植被分布现状图表达，并辅以列清单描述的方法。

1.植物资源

应阐明评价区域范围内的主要种类组成、分布特点与生境现状，区域性的优势种类，有无珍稀濒危植物及其分布等。

2.动物资源

应着重阐明野生动物的种类及其数量、区域分布与栖息地现状，有无珍稀濒危种类及其分布等。

由于目前生物资源受人类活动的影响较大，所以在评价中一般也将人类影响下的生物资源包括在内，进行简要的评价。

3.生物群落

应结合植被分布现状图，用文字或图表阐明评价区域范围内的主要群落类型与分布状况，生物群落受到人类影响的情况，主要植被类型中的优势种类组成，植被的主要生态环境服务功能等。

（三）生态系统现状评价

生态系统的现状评价可借助于生态制图、景观生态学等方法进行。应从生态系统的不同类型及其景观异质性、主要生态系统类型的结构与功能稳定性、生物生产力、生态过程与生态服务功能、生态完整性以及受人类活动干扰的类型、影响程度与变化趋势等方面进行。

生态系统的结构与功能可以定量或半定量评价。例如，营养结构生物量、生物生产力、各营养级的能量转化率与能量积累等，还可运用层次分析方法综合评价生态系统的整体结构和功能。在某些情况下，水生生态系统状况的评价十分必要，这类评价除可按上述相同的要求进行外，还需注意底泥生态环境的评价。

（四）生物多样性评价

生物多样性是指一定范围内多种多样活的有机体（动物、植物、微生物）有规律地结合所构成的稳定的生态综合体。这种多样性包括动物、植物、微生物的物种多样性，物种的遗传与变异的多样性以及生态系统的多样性。生物多样性是生态环境可持续发展的基础，生物多样性评价是生态环境评价的重要内容之一。

1.生物多样性调查

生物多样性调查主要包括物种种类及其数量，以实地调查为主，采用一般的生态学方法进行。由于要调查一个群落中所有类别的生物种类与数量是不可能的，所以在调查中往往只关注动物和植物的种类，可采用抽样方法。植物种类的抽样调查主要采用样方方法，样方大小可根据面积曲线来确定。动物种类的调查可采用线路探察的方法。水生生态系统的生物多样性调查可按湖泊水库水生生物调查规范进行。

2.生物多样性价值评价

目前，对生物多样性价值进行评价的方法主要有以下三种。

（1）评价自然产品价值：即消费使用价值评价法，如薪柴、饲料等。

（2）评价商业性收获的产品价值：假设这些产品经过市场流通而确定价值，即生产使用价值，如木材、药用植物等。

（3）评价生态系统功能的间接价值：从生物多样性所提供的生态服务功能、环境功能等方面出发来评价其价值，如流域保护、光合作用、气候调节和土壤肥力等非消费性使用价值。上述三种方法中，以第二类价值评价法最为直接，第一类价值的计算往往难以进行，第三类价值的确定更为复杂，需要通过生态学指数方法进行定量估算。

3.生物多样性的定量评价

生物多样性定量测定主要有三个空间尺度：α多样性、β多样性、γ多样性。α多样性主要关注局域均匀生境下的物种数目，因此也称生境内多样性。β多样性指沿着环境梯度不同生境群落之间物种组成的相异性或物种沿生境梯度的更替速率，β多样性越大，表明不同群落间或环境梯度上共有物种越少，控制β多样性的生态因子有土壤、地貌及干扰等。γ多样性多用来描述区域或大陆尺度的生物多样性，控制γ多样性的生态过程主要为水热动态、气候和物种形成及其演替历史。

（五）风景资源评价

风景是指可供观赏的风光，景观，包括自然景观，也包括人文景观，尤其是用于开展旅游的各种风景区等。在生态环境评价中，主要指各种自然景观，尤其是开展旅游的各种景观区，如森林公园、特殊地形地貌等。开展风景资源质量评价，有利于正确评价风景资源的本身价值及开发价值，为风景资源的开发利用和合理布局作出科学合理的规划，以发挥风景资源的最大生态环境与经济效益。

《中国森林公园风景资源质量等级评定》（GB/T 18005-1999）中，通过对为森林风景资源质量、森林公园区域环境质量和森林公园旅游开发利用条件等三方面指标进行评价打分来确定森林公园风景资源质量等级，适用于我国已建和待建的各级森林公园评价。

国家环境保护部制定的《山岳型风景资源开发环境影响评价指标体系》（HJ/T6-94）中，将评价指标分为规划指标、景观指标、生态指标、环境质量指标、环境感应指标和人为自然灾害预测指标等。本标准适用于中国领域及其管理海域内各级各类山岳型的风景名胜区、自然保护区、森林公园等范围内的一切开发建设活动。

水利部发布的《水利风景区评价标准》（SL 300-2013），将评价指标分为风景资源、环保质量、开发利用条件及管理四个部分。每个部分的指标赋予一定的分值。评价时按照积分细则进行打分，之后进行计算总体评价分，并根据分值进行等级划分。

（六）区域生态环境问题评价

区域生态环境问题包括两个方面，一个是指环境污染引起的环境问题，另一个是指水土流失、沙漠化、自然灾害等引起的生态问题。前者多在环境要素的质量评价中体现，生态环境问题评价多指后者，可采用各种指标进行定量或半定量评价。常用的评价指标包括面积比例、模数、损失量、危害程度与范围、对主要生态系统类型的结构和功能影响大小、发展趋势等方面，如水土流失量，侵蚀模数，水土流失与治理面积，流动沙丘、半固定沙丘和固定沙丘的相对比例，土地沙漠化程度等。

（七）区域资源的可持续性评价

主要依据可持续发展理论对区域自然资源的现状、发展趋势以及抵抗人类干扰能力进行评价，分析区域性的优势资源、限制性资源，以及可能影响或限制区域可持续发展的关键性资源。资源可持续性评价可采用总量、有效供给量、人均占有量或保有量、利用率、承载力等指标；对水土资源及动植物资源可采用相应的经济学评价指标进行，如土地资源的适宜性与限制性，开发利用潜力，草原的产草量及可利用量等。

二、生态适宜性分析

生态适宜性分析是根据区域发展目标运用生态学、经济学、地学、农学及其他相关学科的理论和方法，分析区域发展所涉及的生态系统敏感性与稳定性，了解自然资源的生态潜力和对区域发展可能产生的制约因子，对资源环境要求与区域资源现状进行匹配分析，确定适应性的程度，划分适宜性等级，从而为制定区域生态发展战略，引导区域空间的合理发展提供科学依据。

（一）生态适宜性分析的步骤

生态适宜性分析是生态环境规划的核心，其目标是以规划范围内生态环境类型为评价单元，根据区域资源与生态环境特征，发展需求与资源利用要求，选择有代表性的生态特性，从规划对象尺度的独特性、抗干扰性、生物多样性、空间地理单元的空间效应、观赏性与和谐性分析规划范围内存在的资源质量以及与相邻空间地理单元的关系，确定范围内生态类型对资源开发的适宜性和限制性，进而划分适宜性等级，从而引导规划对象空间的合理发展以及生态环境建设策略。

适宜性分析是生态环境规划的重要手段之一。McHarg在其生态规划方法中，基于生态适宜性分析，提出了生态适宜性评价基本步骤。

（二）生态因子的选择与指标体系的确定

生态因子的选择是生态适宜性评价的关键，因子选择是否准确、具有代表性，直接影响到生态适宜性分析的结果。选择生态因子时，应着重考虑比较稳定、对生态环境变化及用地生态适宜性起主导作用的生态限制因子。生态因子的选择一般有定性法（经验法）和定量法两种。

1.定性法

定性法以经验来确定生态因子及其权重。常用的方法有3种：问卷—咨询选择法；部分列举—专家修补选择法；全部列举—专家取舍选择法。

2.定量法

在构成土地的生态属性中，从实践经验出发，初步选取一些初评因子，然后对初评因子的指标数量化，再通过一些数学模型定量确定分析因子及其权重，如采用相关分析、逐步回归分析、主成分分析、因子分析等方法。

（三）生态适宜性分级标准的制定

1.单因子分级

生态适宜性分析的生态因子确定后，对每个因子进行分级并逐一评价，单因子分级目前还没有统一的定量方法。同一片土地，其利用方式、利用性质不同，单因子分级评分的标准也不同。单因子分级一般可分为5级，即很不适宜、不适宜、基本适宜、适宜、很适宜，也可分为很适宜、适宜、基本适宜3级。

2.综合适宜性分级

在单个因子分级评分基础上，即可进行各种用地类型的综合适宜性分析。综合适宜性分级也可根据综合适宜性的计算值分为很不适宜、不适宜、基本适宜、适宜、很适宜5级；也可分为很适宜、适宜、基本适宜3级。

（四）生态适宜性分析方法

1.形态法

形态法是最早使用的生态适宜性分析方法，主要用于土地利用规划。主要包括4个步骤：

（1）选取评价指标。可以通过解译遥感影像数据和野外实地调研获取地表的植被、土地利用现状、土壤、地质、地貌等信息，经过GIS软件处理获得每一个评级因子的专题图。

（2）单因子评价。根据单因子评价标准，逐一给每一因子图中图形单元打分，得到单因子适宜性评价图。评价分值用数字表示，分别表示某种评价因子对土地利用适宜性的高低。

（3）确定各评价因子权重。权重确定通常有专家打分法、层次分析法、主成分分析法等。

（4）综合评价。根据规划目标将不同土地利用适宜性的图层叠加生成区域综合适宜性图。形态法的缺点主要体现为：一是要求规划者具有很深的专业素养和经验，因而限制了其应用的广泛性；二是缺乏完善统一的方法体系，导致不同规划者的主观性比较强。

2.地图叠加法

McHarg适宜性分析方法是地图叠加运用于生态规划中较为完善的一种方法。它是一种形象直观，可将社会经济、自然环境等不同量纲的因素进行综合系统分析的方法。其分析步骤为：

（1）根据规划目标，列出各种发展方案和措施，如改善交通条件、建设交通路线，促进城镇体系发展，加强农业开发，加强自然保护、恢复区域生态完整性，并确定各方案及措施与区域自然资源和环境的关系，建立关系矩阵。

（2）分析各种方案及措施对资源环境的要求，并依此建立每个自然因子属性等级。

（3）将各自然因子对特定方案及措施的适宜性空间分布特征描绘在图纸上。

（4）将各单一自然因子的适宜度图层叠合生成区域综合自然因子对某一发展方案与措施的综合适宜性图。

（5）依据规划目标，建立相容性准则，通过单一因子适宜性的图层叠加、进行相容性分析、再叠加，最终生成区域综合适宜性图。

地图叠加法的缺陷主要体现为：叠加法实际上是等权相加方法，而实际上各个因子的作用是不相等的，当因子增加后，用不同深浅颜色表示适宜等级并进行图层叠加工作相当繁重，且很难辨别综合图上不同颜色深浅之间的细微差别。但地图叠加法仍是生态环境规划中应用最广泛的方法之一，许多规划工作者在其长期的规划实践中，根据规划对象与目标进行了适当的修正。例如，Wallace等在为阿尔及利亚首都选址的适宜性分析中，增加了限制因素的分析，并用等级序号（又称序号评价法）在地图上表示适宜性等级，从而有助于计算机的处理与分析。

3.因子加权平均法

根据不同生态因子重要性不同赋予不同大小的权重，所有因子权重之和为1。因子加权的基本原理与地图叠加法相似，因子加权平均的方法克服了地图叠加法中等权相加的缺点，以及地图叠加法中烦琐的制图过程，同时也避免了对阴影部分辨别的技术困难。加权求和法的另一优点是适应计算机，近年来被广泛运用。

4.生态因子组合法

前三种方法，从数学角度上讲，要求各个因子是相对独立的，但实际上许多因子是相互联系、相互影响的，生态因子组合法则充分考虑了因子之间的相互关系。生态因子组合法分为层次组合法和非层次组合法。层次组合法首先用一组组合因子判断土地的适宜性等级，而后将这组组合因子看作一个单独的新因子进行生态适宜性评价。非层次组合法适应于因子较少的情况，因子过多时，采用层次组合法要方便得多，但不管采用哪种方法，首先需要建立一套完整的组合因子和判断准则。

随着研究的深入，为避免权重确定的主观性，学者们开始寻求科学方法来确定因子权重。例如，在进行土地利用的生态适宜性评价中，采用统计分析法中的主成分分析法、典型相关分析方法对所选指标进行降维处理，同时根据各主成分的方差贡献率来确定降维后的因子权重，从而使因子权重的确定更为规范科学合理。

三、生态敏感性评价

生态环境敏感性是指生态系统对人类活动反应的敏感程度，用来反映生态系统在遇到干扰时产生生态失衡与生态环境问题的难易程度和可能性大小。生态环境敏感性评价是根据主要生态环境问题的形成机制，分析生态环境敏感性的区域分异规律，对特定生态环境问题进行评价，进而对多种生态环境问题的敏感性进行综合分析，明确区域生态环境敏感性的分布特征，以便更好制定生态环境保护和建设规划，避免生态建设引发新的环境问题。以此确定生态环境影响最敏感的地区和最具有保护价值的地区，为生态功能区划提供依据。

（一）生态敏感性评价要求

第一，敏感性评价应明确区域可能发生的主要生态环境问题类型与可能性大小。

第二，敏感性评价应根据主要生态环境问题的形成机制，分析生态环境敏感性的区域分异规律，明确特定生态环境问题可能发生的地区范围与可能性大小。

第三，敏感性评价应首先对特定生态环境问题进行评价，然后对多种生态环境问题的敏感性进行综合分析，明确区域生态环境敏感性的分布特征。

（二）生态环境敏感性评价内容

生态环境敏感性评价内容主要包括：土壤侵蚀敏感性；沙漠化敏感性；盐渍化敏感性；石漠化敏感性；酸雨敏感性等。

（三）生态环境敏感性评价方法

生态环境敏感性评价可用定性与定量相结合的方法进行。在评价中可利用遥感数据、地理信息系统技术及空间模拟等先进的方法与技术手段，生成生态环境敏感性空间分布图。在制图中，应对所评价的生态环境问题划分为不同级别的敏感区，进行区域生态环境敏感性综合分区。敏感性一般分为5级：极敏感、高度敏感、中度敏感、轻度敏感、不敏感。实际工作中如有必要，可适当增加敏感性级数。评价方法如下：

1.土壤侵蚀敏感性

一般采用通用的土壤侵蚀方程（USLE）为基础，综合考虑降水、地貌、植被与土壤质地等因素，进而得出土壤侵蚀敏感性及其空间分布特征。我国土壤侵蚀极敏感区域主要分布在黄土高原、西南山区、太行山区等。高敏感区主要分布在燕山、大兴安岭、贵州、湖南等丘陵和山区。中度敏感区主要分布在东北平原、天山、昆仑山等地区。土壤侵蚀极度敏感和高度敏感区通常也是滑坡、泥石流等自然灾害易发地区。

2.沙漠化敏感性

可以用干燥度、土壤性质、大风日数和植被覆盖等指数来评价区域沙漠化敏感性程度。我国沙漠化敏感区主要分布在降雨稀少、蒸发大的干旱半干旱地区。主要分布在沙漠边缘地带。

3.盐渍化敏感性

一般考虑用降水量、蒸发量、干燥度、地下水位、地下水矿化度、地面坡度、黏土层顶板埋深、土壤质地和土地利用等因子来评价。我国盐渍化极敏感地区主要分布在干旱半干旱地区，如和田河谷、吐鲁番盆地、疏勒河下游流域、河套地区等。高敏感区有哈密地区、河西走廊北部地区、宁夏等地区。中度敏感区则分布在额尔齐斯河、伊犁河流域、鄂尔多斯高原西部和三江源等地区。

4.石漠化敏感性

我国石漠化敏感区主要分布在石灰岩地区，可以根据区域的石灰岩地层结构、成分、降水、坡度、土层厚度以及植被覆盖度等进行评价。我国石漠化极敏感区如贵州西部、广西典型喀斯特区（白色、南宁一带）、金沙江下游等地区。石漠化高敏感区主要分布在贵州省广西西北部、四川西南部、湖南西部等地区。中度敏感区分布较广，如四川盆地、湖南南部、湖北西南、江西北部等石灰岩地区。

5.酸雨敏感性

可根据区域的气候、土壤类型与母质、植被及生态系统类型等特征来综合评价区域的酸雨敏感性。酸雨敏感区主要分布在我国南方地区，分布区包括四川、湖南、湖北、贵州、江苏、福建等地区。

6.冻融侵蚀敏感性

我国冻融侵蚀敏感性主要受气温、地形、植被以及冻土、冰川分布影响。主要分布在青藏高原、阿尔泰、天山、祁连山、大兴安岭高海拔地区、东北三江源冻土区等区域。

四、生态足迹分析

生态足迹最早由加拿大生态经济学家William和其博士生Wackernagel于20世纪90年代初提出的一种度量可持续发展程度的方法。生态足迹模型主要用来计算在一定人口与经济规模条件下，维持资源消费和废物消纳所必需的生物生产面积。因此，任何一个已知人口（某个人、某个城市或某个国家）的生态足迹，即是生产相应人口所消费的所有资源和消纳这些人口所产生的所有废物需要的生物生产面积（包括陆地和水域）。生态足迹衡量了人类生存所需理论生物生产面积，将其与评价区域范围内所能提供的生物生产面积相比较，即可判断一个国家或地区的生产消费活动是否处于当地的生态承载力范围之内。

生物生产面积主要包括化石燃料土地、可耕地、林地、草地、建筑用地和水域六种类型。能源消费部分计算时采用世界上单位化石能源土地面积的平均发热量，将其作为标准，将当地能源消费所消耗的热量折算成一定的化石能源土地面积。目前，均衡因子采用的是国际生态足迹计算中采用的权重：耕地和建设用地为2.8，森林和化石能源用地为1.1，草地为0.5，水域为0.2。另外在生态承载力计算中，出于谨慎考虑，要扣除12%的生态空间面积用于生物多样性的保护。

五、生态系统服务功能评价

生态系统服务功能是指自然生态系统及其物种所能提供的能够满足和维持人类生活需要的条件和过程，是生态系统与生态过程所形成及维持的人类赖以生存的自然环境条件与效用。它不仅为人类提供了食品、医药及其他生产生活原料，还创造与维持了地球生命支持系统，形成了人类生存所必需的环境条件。生态系统服务功能的内涵可以包括有机质的合成与生产、生物多样性的产生与维持、调节气候、营养物质储存与循环、土壤肥力的更新与维持、环境净化与有害有毒物质的降解、植物花粉的传播与种子的扩散、有害生物的控制、减轻自然灾害等许多方面。

（一）生态系统服务功能的价值

1.直接利用价值

主要是指生态系统产品所产生的价值，它包括食品，医药及其他工农业生产原料、景观娱乐等带来的直接价值，可用产品的市场价格法来估算。

2.间接利用价值

主要是指无法商品化的生态系统服务功能，如维持生命物质的生物地化循环与水文循环，维持生物多样性，保持土壤肥力，净化环境，维持大气化学的平衡与稳定等支撑与维持地球生命系统的功能。间接利用价值的评估常需要根据生态系统功能的类型来确定，通常有防护费用法、恢复费用法、替代市场法等。

3.选择价值

选择价值是人们为了将来能直接利用与间接利用某种生态系统服务功能的支付意愿。例如，人们为将来能利用生态系统的涵养水源、净化大气以及游憩娱乐等功能的支付意愿。人们常把选择价值喻为保险公司，即人们为自己确保将来能利用某种资源或效益而愿意支付的一笔保险金。选择价值又可分为3类：自己将来利用；子孙后代将来利用，又称遗产价值；别人将来利用，又称替代消费。

4.存在价值

存在价值也称内在价值，是人们为确保生态系统服务功能可持续存在的支付意愿，存在价值是生态系统本身具有的价值，是一种与人类利用无关的经济价值。换句话说，即使人类不存在，存在价值仍然有，如生态系统中的物种多样性与涵养水源能力等，存在价值是介于经济价值与生态价值之间的一种过渡性价值。

5.遗产价值

遗产价值是指当代人为将某种资源保留给子孙后代将来能受益于某种资源存在的知识而自愿支付的费用，即当代人希望他们的子女或后代将来可从某些资源（如珍稀动植物物种）的存在得到一些利益（如研究、观光等）而愿意支付一定数量的钱物用于对这些资源的保护。

（二）生态系统服务功能价值评估方法

根据生态经济学、环境经济学和资源经济学的研究成果，生态系统服务功能的经济价值评估方法可分为两类：一是替代市场技术，它以"影子价格"来衡量生态服务功能的经济价值，评价方法多种多样，其中有费用支出法、市场价值法、机会成本法、旅行费用法和享乐价格法；二是模拟市场技术（又称假设市场技术），它以支付意愿和净支付意愿来估算生态服务功能的经济价值，即条件价值法。

第四节　生态功能区划

一、生态功能区划的基本内容与方法

生态功能区划是根据区域生态环境要素、生态环境敏感性与生态服务功能空间分异规律，将区域划分为不同生态功能区的过程。其目的是明确区域生态安全重要区和保护关键区，辨析存在的生态环境问题与脆弱区，为产业布局、生态保护与建设规划提供科学依据，它是实施区域生态环境分区管理的基础和前提。

（一）生态功能区划的基本内容

生态功能区的划分以保持生态系统的完整性为主要依据，生态功能区划侧重于评价区域的自然属性，评价指标包括生态环境现状、生态环境敏感性、生态系统服务功能重要性三大类。生态功能区划应在生态环境现状调查、生态环境敏感性分析、生态服务功能评价基础上进行。

一般过程为：确定功能区划目标；基础资料收集；生态环境评价（包括生态敏感性、生态服务功能评价）；生态功能区划及分区描述；编制区划文件及生态功能分区制图；生态功能区划优劣评价，进一步完善。

（二）生态功能区划基本方法

生态功能区划按照工作程序特点可分为顺序划分法和合并法两种。其中前者又称自上而下的区划方法，是以空间异质性为基础，按照"区域内差异最小、区域间差异最大"的原则以及区域特性划分最高级区划单元，再依次逐级向下划分，一般大范围的区划以及单元的划分多采用这一种方法。后者又称自下而上的区划方法，它是以相似性为基础，按照相似相容性原则和整体性原则依次向上合并，目前多采用两种方法的互相结合。

（三）生态功能区划基本原则

生态功能区划与一般环境要素规划环境功能区划更加关注生态学原则，因此生态功能区划基本原则包括：生态优先原则；平衡发展原则；复合生态系统协调发展原则；区域相关性原则；分级区划原则；等等。

二、生态规划与生态建设

生态建设是在对生态系统环境容量和承载力正确认识的基础上，有计划、有组织、系统地安排人类相当长时段活动范围和强度的行为。它运用生态学理论，以空间合理利用，系统发展为目标，使得生态、环境与经济社会协调可持续发展。生态建设内容是由系统现实存在的生态问题所决定的，涉及社会、经济、自然生态环境等各方面，主要有合理适宜人口容量的确定、产业结构调整和改善、污染综合治理、生物多样性保护和资源高效可持续利用等。生态建设由生态规划、生态设计和生态管理三部分组成，生态规划是核心，生态设计和生态管理是规划实施的保障。

生态建设内容是依据生态规划为基础的建设性活动，生态环境规划是生态建设和生态设计的基础和依据，而生态环境规划目标的实现则需借助生态设计、生态建设和生态管理来实现。

三、生态环境规划与环境规划的关系

生态环境规划不同于一般环境要素的规划，环境规划侧重于环境，特别是自然环境的监测、评价、治理、管理等，而生态环境规划则侧重于强调自然资源和环境的利用对人类生存状态、可持续发展的影响，生态规划强度以生态学原理为指导，应用系统科学、环境科学、计算机技术等多学科手段辨识、模拟和设计复合生态系统内部的各种生态关系。生态环境规划强调生态学理论运用，倡导生态文明和低碳消费理念。具有以人为本、以资源环境承载力为前提、系统开发、高效和谐可持续发展等科学内涵。生态规划是环境规划的一种类型，环境规划按性质分为生态规划、污染防治规划和自然保护规划。

第五节　生态环境规划内容

一、生态环境建设型规划

生态环境建设是旨在保护和建设生态环境，实现可持续发展的战略决策。主要包括水资源利用规划、水土保持规划、林业生态工程规划、防沙治沙规划、自然保护区规划、草地保护与建设规划、土地整理与复垦规划等内容。

（一）自然保护区概述

自然保护区是指对具有代表性的自然生态系统、珍稀濒危野生生物种群的天然生境地集中分布区、有特殊意义的自然遗迹等保护对象所在的陆地、陆地水体或海域，依法划出一定面积予以特殊保护和管理的区域。自然保护区也是将具有典型代表性的自然生态系统或自然综合体以及其他为了科研、监测、教育、文化娱乐目的而划分出的保护地域的总称。

我国自然保护区分为国家级自然保护区和地方自然保护区，地方级又包括省、市、县三级自然保护区。按照保护的主要对象来划分，自然保护区可以分为生态系统类型保护区、生物物种保护区和自然遗迹保护区3类；按照保护区的性质来划分，自然保护区可以分为科研保护区、国家公园（风景名胜区）、管理区和资源管理保护区4类。

（二）自然保护区规划基本内容

自然保护区总体规划涉及范围广，内容丰富，不同地域、不同类型的自然保护区规划的侧重点和内容不同。但一般来讲，自然保护区规划主要包括以下7个方面的内容：

第一，自然保护区基本情况调查与分析。包括位置、面积、边界和功能区的调查；主要保护对象调查；自然条件调查（如气候、地质地貌、水文、土壤等）；生物资源调查；景观资源调查（如具有旅游潜力的资源景观或历史文化遗迹等）；社会经济条件调查；对自然保护区管理现状的调查（如组织机构、管理机制、人员、经费、设备和设施以及科学研究的现状等）。

第二，自然保护区的评价。对自然保护区的评价一般从拟建保护区区域的自然属性和可保护属性两个角度进行。自然属性主要从保护区典型性、脆弱性、多样性、稀有性和自然性等方面进行评价；可保护属性将从科学价值、面积适宜性、经济和社会价值等方面进行评价。

第三，自然保护区功能区划。自然保护区内由于保护对象的空间分布异质性，因此不同地点的保护程度、方式、管理内容与方法等也需区别对待，要划分出不同的功能区。自然保护区可划为核心区、缓冲区和实验区三个主要功能区域。其中，自然保护区保存完好的自然状态生态系统及濒危、稀有动植物资源，应划分为核心区，任何个人进入国家级保护区的核心区必须经国务院主管部门批注，进入省级保护区的核心区需由省级政府主管部门批注；缓冲区必须有严格边界，是核心区缓冲外界干扰的包围地带，缓冲区只能进行一些与核心区保护相关的活动；缓冲区外围的实验区，可以开展教学、参观、旅游、物种驯化繁殖、科学研究等活动。

第四，自然保护区规划措施体系布局。主要包括自然保护区基本建设规划、资源合理开发利用规划、基础工程建设规划以及管理规划等。

第五，自然保护区规划的经济概算及解决方案。

第六，自然保护区规划生态效益分析。

第七，制定实施规划的保证措施。

自然保护区规划基本内容阐述了进行自然保护区规划与建设的技术路线或步骤。

（三）自然保护区规划主要技术方法

1.资源调查方法

植被资源调查方法多采用样方，列出植物、动物名录，指出各级保护物种，如特有种、罕见种、濒危种、对环境具有特殊指示意义的物种等。自然景观调查方法多采用航拍照片、现场调研等方法。动物活动范围调查多采用现场足迹勘察、全球定位系统信息技术、地理信息系统技术等方法确定，动物数量调查可采用标记重捕法辅助确认。

2.保护区面积调查方法

目前多采用卫星影像、航空相片、地形图、土地利用图等图件资料，结合野外勘察，确定保护区的面积与受保护对象的分布情况，并可进行生态制图。

3.破坏与受威胁状况调查

通过资料收集、实地勘察相结合的方式，了解保护区的自然与人为破坏情况，保护对象受威胁情况，辨识主要威胁因子。

二、生态环境区域型规划

（一）生态城市规划

1.生态城市基本概念

生态城市是在城市生态学基础上发展起来的一种人居环境模式。苏联生态学家Yanitsky第一次提出了"生态城"的思想，并系统阐述了城市与环境的紧密关系，提出了一种理想城市模式：自然、技术、人文充分融合物质、能量、信息高效利用，人的创造力和生产力得到最大限度的发挥，居民的身心健康和环境质量得到保护，是生态、高效、和谐的人类聚居新环境。生态城市非常重视生态理念的注入，随着生态城市成为可持续发展理想模式以来，国内外专家先后开展了有关城市可持续发展、生态城市内涵、主要特征、指标体系、标准方法、发展规划思路与未来方向、具体目标以及步骤等方面的研究和探索。

生态城市提出是基于人类生态文明的觉醒和对传统工业城市和工业化带来一系列环境问题的反思，生态城市是自然、社会、经济子系统复合共生的复杂系统，它与卫生城市、花园城市等既有区别又紧密联系，但共同点是借助科学技术和管理手段解决生态环境问题，改善自然环境与人文环境质量，提升生态文明，提高居民文化素养与生活质量。因此建设生态城市是一项艰巨的系统工程，目前尚没有成熟的模式方法，生态城市的建设过程就是一个不断实践、完善、提高与再完善的过程。

目前全球范围内已有许多城市正在按生态城市目标进行规划与建设，随着经济的飞速发展，中国这只巨轮已经驶入了城市化的快车道。人们在享受城市便利的同时，也遇到了越来越突出的城市环境问题，如生活拥挤、交通堵塞、环境污染等。我国已成为世界上生态城市建设最为积极的国家之一，但就目前而言生态城市概念尚无公认确切的定义，有关生态城市建设仍处于探索阶段，我国生态学家普遍认同的一种观点是综合利用社会—经济—自然复合生态系统理论从"结构、功能、关系"的生态系统这三个基本特征入手，强调生态城市是应具有结构合理、功能高效、关系协调的复合生态系统。

我国具有悠久的城市发展史，生态城市建设经历了绿化、健康卫生、污染防治到低碳、两型社会、信息化等不断提高完善的阶段，在国家提出生态文明建设大背景下，结合我国生态城市建设中普遍存在的不足，构建适合我国国情的生态城市规划建设理论框架和指标体系，实现可持续发展战略，构建和谐社会、两型社会，进行具有中国特色的生态城市规划与建设，是我国城市化进程的必然选择。

2.生态城市内涵与规划目标

生态城市是根据生态学原理，应用生态、社会、系统等工程技术而建立的社会、经济和自然协调发展的，能源、信息高效利用的人类聚居地。建设生态城市需要满足三个原则：一是人类生态学的满意原则，二是经济生态学的高效原则，三是自然生态学的和谐原则。

一个生态城市应具备以下内涵或标准：

（1）环境生态化。环境的生态化表现为发展以保护自然生态环境为基础，与自然环境的生态承载能力相协调。自然环境及其演进过程得到最大限度的保护，同时合理利用一切自然资源和保护生命保障系统，开发建设活动始终保持在环境的承载能力范围之内。广泛应用生态学原理规划建设城市，保证城市结构合理、功能协调。

（2）城市经济与产业结构合理并高度优化。保护并高效利用一切自然资源与能源，产业结构符合生态保护要求。

（3）倡导生态文明，消费模式低碳环保。居民身心健康，有自觉的生态意识和环境道德观念。自觉采纳可持续的消费模式。

（4）有完善的社会基础设施，居民生活质量高，物质文明和精神文明并进。

（5）人工环境与自然环境有机结合，环境质量高。

（6）保护和继承文化遗产，尊重居民的各种文化和生活特性。

（7）建立完善的、动态的生态调控管理与决策系统。从自然辩证法的角度看，生态城市强调人与自然、人与人以及自然系统内部的和谐统一。其中自然系统内部和谐是基础，人与自然和谐以及人与人和谐是生态城市建设的终极目标。

生态城市规划概念及目标：生态城市规划要求遵循生态学、环境科学、经济学、社会学与城市规划学等科学的有关理论和方法，运用系统科学、信息科学等多学科的技术手段，调整与合理安排城市人类与环境的关系，实现城市生态系统人与自然和谐，可持续发展。具体而言，可归纳为以下两个主要目标：实现人与自然环境的和谐，追求社会文明、生态文明、经济高效、资源利用率高且生态环境优美；实现社会、经济与自然环境复合生态系统的可持续发展。

3.生态城市规划基本内容

依据生态城市的内涵及建设标准，以人与自然和谐、复合生态系统可持续发展为目标，生态城市建设规划内容一般主要包括以下方面：环境功能合理区划，建设高质量的城市环境保护系统；环境整治与基础设施规划，并具有一个高效能的运转系统；人居环境规划，主要体现在完善的绿地生态系统，如绿地覆盖率、人均绿地面积而且还应布局合理；社会文明与生态文明规划，环境意识建设，主要体现在较高的人口综合素质、优良的社会秩序、丰富多彩的精神生活内容和精神面貌，较强的环境保护意识等；城乡一体化建设，城市与周边乡村地区构成了城乡复合生态系统，生态城市规划需统筹城乡社会经济、环境和经济的协调发展和优化布局，实现城乡经济社会及环境的和谐共同发展。

4.生态城市规划与城市环境规划关系

生态城市规划虽然涉及城市环境规划，但二者侧重点有所不同。城市环境规划重点是城市环境中的水、气、噪声等环境质量的评价、整治与管理。生态城市规划则突出生态协调理念，强调通过调控城市生态系统内部的各种结构和过程来维系人与自然的和谐。

5.生态城市规划编制的基本程序

（1）基础信息调查与资料收集。它是生态城市规划的基础，包括历史资料、现状资料、行政区划图、土地利用图、土壤图、卫星图片、地形图以及问卷公共调查资料等。

（2）城市复合生态系统分析。它是生态城市规划的重要内容之一，尤其是现阶段生态城市规划更需要兼顾城乡一体化可持续发展，兼顾城乡一体化的复合生态系统结构、功能状况、可持续发展程度，并进行生态城市规划的优劣势分析与限制瓶颈分析等。

（3）功能区划。合理的功能区划是生态城市建设规划的核心内容，是合理安排人类社会经济活动的重要依据，也是空间规划、产业规划、土地利用、专项规划等规划的重要依据。

（4）规划设计与规划方案建立。依据规划的战略及目标定位，结合前期获取的城市（兼顾城乡）自然环境、经济等社会条件，在环境容量及生态承载力范围内，以生态学、经济学等理论为基础提出发展规划，制定目标，设计各项规划，最后提出规划方案和管理措施。

（5）规划方案分析与决策。根据设计的方案，结合公共参与专家评估手段，通过风险评估、费用—效益分析等方法对方案进行科学性与可行性论证，对规划方案进行可执行性及潜力分析，然后进行方案决策。

（6）建立规划的保障与调控体系。生态城市建设规划需建立规划方案支持保障和调控体系，主要包括政策、管理、科学技术、资金筹措等调控系统，进而保障建设规划的顺利实施。

（7）规划方案实施。方案确立后，由各负责部门分别论证实施，并接受政府和公共的监督以及相关专家的评估。

城市水功能区水质达标率。根据水的使用情况如饮用水、生产用水、生活用水、景观用水等的不同要求，同时根据水质情况，将水资源区分为不同的水功能区，并根据不同功能区对水质要求标准，进行监测考核。数据来源为环保部门。

主要污染物排放强度，是反映随经济发展造成环境污染程度的指标。以单位GDP所产生的污染物的数量计算。鉴于环境污染物质较多，本指标只计算对大气和水的主要污染物，即二氧化硫和化学需氧量。城市燃气普及率或称居民用气普及率，指城市市区使用天然气、煤气、液化气、工业可燃气的非农业人口数占城市非农业人口总数的百分比。数据来源为统计、城建部门。

噪声达标区覆盖率，指城市建成区内，已建成的环境噪声达标区面积占建成区总面积的百分比。数据来源为环保部门。采暖地区集中供热普及率，指城市市区集中供热设备供热总容量占市区供热设备总容量的百分比。省级生态城市规划指标体系可参考国家级生态城市标准，同时体现地方特色指标特征。生态城市指标体系不是固定的，而是动态的、发展的、不断完善的过程。

（二）生态村规划

1.生态村内涵

生态村是运用生态经济学原理和系统工程的方法，从当地自然环境和资源条件实际出发，按生态规律进行生态农业的总体设计，合理安排农林牧副渔及工、商、服务等各业的比例，促进社会、经济、环境效益协调发展而建设形成的一种具有高产优质、低耗，结构合理，综合效益最佳的村级社会、经济和自然环境的复合生态系统或新型的农村居民点。生态村（或生态农村）是一类重要的自然、经济、社会复合生态系统。其中，人、农作物、家养动物是农村复合生态系统中最主要的生物组分。农村地区的气候、土壤、水体、自然植被、野生动物等是该复合生态系统中的自然环境组分；村庄建筑、道路等基础设施是该复合生态系统中的人工环境组分；农村政策、农村体制、乡规民约、民俗文化等是该复合生态系统中的社会环境组分；农、林、牧、副、渔及农产品加工、农村旅游业等构成了农村经济生产环境组分。

2.生态村规划的基本内容

根据生态村的内涵要求，以可持续的农业与农村发展为目标，充分发挥农村的生产生活—生态功能，即三生功能。生态村的建设规划通常包括以下3个方面的内容：农村生态产业规划；农村人居环境规划；农业和农村生态环境保护与生态建设规划。

生态产业规划的主要目标是发展现代高效农业，生产健康绿色产品。具体内容包括生态种植业、生态畜牧业、生态水产业、生态林业、生态加工业生态旅游业的发展模式、技术支持及其空间布局与用地规划，包括村域内各产业之间的协调、对接与集成等内容的建设规划。农村，人居环境建设规划包括农村居民人口规模、居民点的选址与新村建设、旧村改造、村庄功能分区与空间布局、村民住宅的生态设计、村庄绿地、道路、通信与水电等配套基础设施的规划设计，以及农村生态文化与公共服务体系的建设规划等内容。

农业与农村生态环境保护与生态建设规划主要包括农业废弃物的资源化利用工程、农村水土保持工程、乡土林以及农田林网工程、沃土工程、旱涝保收工程、农田标准化生态建设工程、绿色食品或有机食品生产基地建设工程、生态农业工程等的建设规划与设计。

三、生态环境产业型规划

产业发展越来越关注生态环境的保护，生态产业指的是按生态经济原理和知识经济规律组织起来的基于生态系统承载能力具有完整的生命周期、高效的代谢过程及和谐的生态功能的网络型、进化型、复合型产业，生态产业实质是生态工程在各产业中的应用，形成生态农业、生态工业、生态第三产业（如生态旅游业）等生态产业体系。目前常见生态产业型规划有生态农业园区规划、生态工业园区规划、生态旅游业规划等。

（一）生态工业园区规划

1.生态工业园区的概念

生态工业园区是依据清洁生产要求、循环经济理念和工业生态学原理而设计建立的一种新型工业园区。它是通过物流、能量传递等方式将不同工厂或企业连接起来，形成资源共享和副产品互换的产业共生组合，使一家工厂的废弃物或副产品成为另一家工厂的原料和资源。模拟自然生态系统，在产业系统中建立生产者—消费者—分解者的循环途径，寻求物质闭路循环、能量多级利用和废物产生最小化的工业运作形式。

根据园区的产业和行业特点，可将生态工业园区分为行业类园区、综合类园区和静脉工业类园区。行业类生态园区是以某一类工业行业的一个或几个企业为核心，通过物质和能量的集成，在更多同类企业或相关行业企业间建立共生关系而形成的生态工业园区。综合类生态工业园区是由不同工业行业的企业组成的工业园区，主要指在高新技术产业开发区、经济技术开发区等工业园区基础上改造而成的生态工业园。静脉产业类生态工业园区是以静脉产业生产（资源再生利用产业）的企业为主体的生态工业园区。

2.生态工业园区规划指导思想和基本原则

生态工业园区规划指导思想包括贯彻落实科学发展观，以生态文明建设为目标，以循环经济理念为指导，以节能减排为重点，结合园区的特点，通过园区的生态化改造和建设，实现区域的可持续发展。

生态工业园区规划的基本原则：与自然和谐共存原则；生态效率原则；生命周期原则；因地制宜原则；高科技、高效益原则；软硬件并重原则；废物3R

（减量化、再利用、资源化）的原则。

3.生态工业园区规划的范围和期限

生态工业园区规划时，应明确生态园区规划核心区的准确边界范围，并根据生态工业园区与外界的物质流、能量流等方面的交换关系，提出规划的扩展区域和辐射区范围。对于国家批复的各类开发区、核心区和扩展区均不得超过国家批准的边界范围。规划范围的确定应与原有的土地使用功能和用地规划相一致。生态工业园区规划应明确数据基准年，并提出实现规划近期目标和中远期目标的年限，通常近期规划年限为3～5年，中远期规划年限为8～10年。

4.生态工业园区规划的基本内容

生态工业园区建设规划编制的主要内容包括以下7个方面：

（1）生态工业园区概况和现状分析。包括基本概况（发展概况、地理、资源条件等）、社会现状、经济现状、环境现状（包括水环境、大气环境、固体废物等）。

（2）生态工业园区建设必要性分析。包括园区环境影响的回顾性分析（过去5～10年）、生态工业园区建设的必要性和意义、生态工业园区建设的有利条件和制约因素分析等。

（3）生态工业园区建设总体设计。包括指导思想、基本原则、规划范围、规划期限、规划依据、规划目标与指标体系、总体框架（包括产业循环体系、资源循环和污染控制体系、保障体系等，绘制生态工业总体框架图和园区总体生态链图）。

（4）园区主要行业生态工业发展规划。包括规划目标和规划内容两大部分。对行业类生态园区、综合类生态工业园区和静脉产业类生态工业园区分别有相应的规划重点要求。

（5）资源循环利用和污染控制规划。包括水污染控制和循环利用控制（包括规划目标和规划内容）、大气污染控制规划、固体废物污染控制和循环利用规划、能源循环利用规划等。

（6）重大项目及其投资与效益分析。包括重点支撑项目、投资与效益分析。

（7）生态工业园区建设保障措施。包括政策保障（生态工业发展条例或实施办法、优惠政策等）、组织机构建设（行政管理机构及运行机制、领导干部目标考核、人才引进和培养、专家咨询机制）、技术保障体系（信息交流技术、生态工业研发、生态设计、生态工业孵化器、生态工业园区稳定运行风险应急预案、园区环境风险应急预案）、环境管理工具、公众参与、宣传教育与交流以及其他保障措施等。

（二）生态旅游业产业规划

1.生态旅游概念

旅游是人们为寻求精神上的愉快感受而进行的非定居性旅行和在游览过程中所发生的一切关系和现象的总和。国际上普遍认同的旅游概念是为了休闲、娱乐、探亲访友、度假宗教朝拜或商务等目的而进行的旅行活动统称旅游。第二次世界大战后，世界经济迅速发展，旅游随着人们生活水平大幅提高逐渐受到欢迎并迅速成为全球性的现象，到今天旅游业已成为世界上规模非常大的产业。

目前，生态旅游依然没有十分确切的定义，有的认为生态旅游是促进环境保护的旅游，也有的定义为在一定区域内可以永葆自然形态不被破坏的旅游模式等，众多定义的一个共同点是强调人与自然和谐，寻求适当的利润和自然环境资源保护的协调，保护自然资源和生物多样性，维持资源可持续性，实现旅游业可持续发展。

生态旅游业是指那些直接与生态旅游者相互作用的机构，即从计划到结束阶段帮助旅游者进行生态旅游体验的产业。生态旅游产业应该把环境教育、科学知识普及和精神文明建设作为核心内容，真正使生态旅游成为人们学习大自然、热爱大自然、保护大自然的大学堂。

2.生态旅游业产业规划指导思想与基本原则

生态旅游规划就是协调旅游者的旅行活动及其与环境间相互关系，必须将旅行者的旅游活动与当地居民生产生活、自然生态环境有机地融为一体。生态旅游产业规划应贯彻落实科学发展观，以生态学原理和方法、可持续发展理论为指导思想将旅游者的旅行活动和自然环境特性有机结合，借助科学技术、管理科学等手段对旅行者的活动在时间和空间上进行合理的安排，不仅旅游活动本身需要生态化，也应体现旅游服务生态化。因此，生态旅游产业必须包含两个要素，一是生态旅游项目规划建设与维持；二是为旅游者提供的生态服务。

生态旅游产业规划必须首先明确规划区域开展生态旅游后生态系统可以承受

的人类干扰极限或阈值，前提是生态系统功能可持续。生态旅游产业规划的基本原则主要包括：保护优先；合理功能区划原则；与当地经济发展目标优化协调；时空优化安排；休闲与环境教育结合；利润适当与自然环境可持续结合；安全与健康原则；等等。

3.生态旅游业产业规划基本内容

生态旅游产业规划应包括以下主要内容：旅游区功能区划与范围确定；各旅游景点的空间布局规划；基础建设与环保教育及设施建设规划；游客流量控制与游览方式规划；安全健康服务规划；管理规划等。

第五章　水质、土壤及生物污染的监测

第一节　水质的监测

一、水和水体污染

（一）水和水体

水是自然界最普通的物质，但也是人类维系生命的基本物质，是工农业生产和城市发展不可缺少的重要资源。没有水就没有生命。它是人类环境的一个重要组成部分。水体是河流、湖泊、沼泽、冰川、海洋及地下水的总称。它不仅包括水，也包括水中的悬浮物、底泥及水生生物。从自然地理的角度看，水体是指地表被水覆盖的自然综合体。

随着世界人口的增长以及工农业生产的发展，用水量也在日益增加。工业发达国家的用水量差不多每十年翻一番。另一方面，未经处理的废水、废物排入水体造成人为污染，又使可用水量急剧减少。目前世界上一些用水集中的城市已经面临或进入了水源危机阶段。因此，水已经不是"取之不尽，用之不竭"，而是一种十分珍贵的自然资源。

我国的水资源还存在着严重的时空分布不均衡性。在空间（地区）分布上，总的来说是东南多西北少。南方长江流域和珠江流域水量丰富，而北方则少雨干旱。根据多年降水量和径流量的多少，可将全国分为丰水、多水、过度、少水和缺水五带。在时间分布上，由于我国大部分地区的降水量和径流量主要受季风气候的影响，汛期四个月的降水南方各省各占全年降水量的一半，北方及西南各省汛期降水占全年的70%～80%。这就导致年内分配不均，年际变化很大。总的来说是冬春少雨，夏秋多雨，有时还连续出现枯水年和丰水年的现象，更给水资源的利用增加了困难。

综上所述，根据我国水资源的分布情况，合理、节约用水，控制水体污染，保护水资源已是迫在眉睫的问题。

（二）水体污染

当进入水体中的污染物含量超过了水体的自净能力，就会导致水体的物理、化学及生物特性的改变和水质的恶化，从而影响水的有效利用，危害人类健康，这种现象称为水体污染。与自然过程相比，人类活动是造成水体污染的主要原因。

按排放形式不同，可将水体污染源分为两大类：点污染源和面污染源。引起水体污染的主要污染源有工业废水、矿山废水和生活污水等，这些废水常通过排水管道集中排出，又被称为点污染源。农田排水及地表径流是分散地、成片地排入水体的，其中往往含有化肥、农药、石油及其他杂质，形成所谓的面污染源。面污染源在某些地区及某些污染的形成上，正起着越来越重要的作用。

根据污染物质及其形成污染的性质，可将水体污染分为化学性污染、物理性污染和生物性污染三类。化学性污染系指随废水及其他废弃物排入水体的酸、碱、有机和无机污染物造成的水体污染。物理性污染包括色度和浊度物质污染、悬浮固体污染、热污染和放射性污染。生物性污染是由于将生活污水、医院污水等排入水体，随之引入某些病原微生物造成的。

二、水质监测

水质监测可分为水环境现状监测和水污染监测。代表水环境现状的水体包括地表水和地下水；水污染源包括生活污水、医院污水和各种工业废水，有时还包括农业退水、初级雨水和酸性矿山排水。对它们进行监测的目的可概括为以下几个方面：对进入江、河、湖、库、海洋等地表水体的污染物质及渗透到地下水中的污染物质进行经常性的监测，以掌握水质现状及其发展趋势；对生产过程、生活设施及其他排放源排放的各类废水进行监视性监测，为污染源管理和排污收费提供依据；对水环境污染事故进行应急监测，为分析判断事故原因、危害及采取对策提供依据；为国家政府部门制定环境保护法规、标准和规划，全面开展环境保护管理工作提供有关数据和资料；为开展水环境质量评价、预测预报及进行环境科学研究提供基础数据和手段。

（一）监测项目

水质监测的项目包括物理、化学和生物三个方面，数量繁多，但受人力、物力、经费等各种条件的限制，不可能也没有必要一一监测，应根据实际情况，选择那些排放量大、危害严重、影响范围广、有可靠的分析方法保证获得准确的数据，并能对数据做出解释和判断的项目。我国《环境监测技术规范》分别规定的监测项目如下：生活污水监测项目包括化学需氧量、生化需氧量、悬浮物、氨氮、总氮、总磷、阴离子洗涤剂、细菌总数、大肠菌群等；医院污水监测项目包括pH、色度、浊度悬浮物、余氯、化学需氧量、生化需氧量、致病菌、细菌总数、大肠菌群等。

（二）水质监测分析方法

正确选择监测分析方法，是获得准确结果的关键因素之一。选择分析方法应遵循的原则是：灵敏度能满足定量要求；方法成熟、准确；操作简便，易于普及；抗干扰能力好。根据上述原则，为使监测数据具有可比性，各国在大量实践的基础上，对各类水体中的不同污染物质都编制了相应的分析方法。这些方法有以下三个层次，它们相互补充，构成完整的监测分析方法体系。

1.国家标准分析方法

我国已编制60多项包括采样在内的标准分析方法，这是一些比较经典、准确度较高的方法，是环境污染纠纷法定的仲裁方法，也是用于评价其他分析方法的基准方法。

2.统一分析方法

有些项目的监测方法尚不够成熟，但这些项目又急需测定，因此经过研究作为统一方法予以推广，在使用中积累经验，不断完善，为上升为国家标准方法创造条件。

3.等效方法

与前两类方法的灵敏度、准确度具有可比性的分析方法称为等效方法。这类方法可能采用新的技术，应鼓励有条件的单位先用起来，以推动监测技术的进步。但是，新方法必须经过方法验证和对比实验，证明其与标准方法或统一方法是等效的才能使用。

按照监测方法所依据的原理，水质监测常用的方法有化学法、电化学法、原子吸收分光光度法、离子色谱法、气相色谱法、等离子体发射光谱法等。

（三）水质监测方案的制订

进行水质监测时，我们不可能也没必要对全部水体进行测定，只能取水体中的很少一部分进行分析，这种用来反映水体水质状况的水就是水样。将水样从水体中分离出来的过程就是采样，采集的水样必须具有代表性，否则，以后的任何操作都是徒劳的。为了正确反映水体的水质状况，必须控制以下几个步骤：采样前的现场调查研究和资料收集、采样断面和采样点的设置、采样频率的确定、水样容器的洗涤、采样设备和采样方法、水样的保存方法、水样的运输和管理等。采样地点的选择和监测网点的建立称为布点。只有合理地布点，并根据实际需要按一定的时间间隔准确而及时地采样，迅速送往实验室分析测定（对于易发生变化的项目，在实验室又不能及时测定的情况下，采取一定的保护措施，以防止污染物的存在状态和含量发生变化），利用实验室正确的分析结果，才能如实地反映水质情况。

为了顺利地达到上述目的，在监测之前，必须根据具体情况制订监测方案，并按方案的内容有条不紊地实施，才能保证合格地完成任务。监测方案的内容如下：明确地、具体地规定监测目的；确定监测介质和监测项目，以此选择分析方法，前后统一，使监测数据具有可比性；规定采样地点、方法、时间和频次，并具体责任到人；明确排放特点、自然环境条件、居民分布情况等，据此确定采样设备、交通工具及运行路线；对监测结果尽可能提出定量要求，如监测项目结果的表示方法、有效数字的位数及可疑数据的取舍等。

1.地表水质监测方案的制订

流过或汇集在地球表面上的水，如海洋、河流、湖泊、水库、沟渠中的水，统称为地表水。

（1）基础资料收集

样品的代表性首先取决于采样断面和采样点的代表性，为了合理地确定采样断面和采样点，必须做好调查研究和资料收集工作。

内容：水体的水文、气候、地质、地貌特征；水体沿岸城市分布和工业布局、污染源分布与排污情况、城市的给排水情况等；水体沿岸的资源（包括森林、矿产、土壤、耕地、水资源）现状，特别是植被破坏和水土流失情况；水资源的用途、饮用水源分布和重点水源保护区；实地勘察现场的交通情况、河宽、河库结构、岸边标志等；对于湖泊，还需了解生物、沉积物特点，间温层分布、容积、平均深度、等深线和水更新时间等；收集原有的水质分析资料或在需要设置断面的河段上设若干调查断面进行采样分析。

（2）监测断面和采样点的设置

采样断面和采样点根据监测目的、监测项目和样品类型，并按上述调查研究和对有关资料的综合分析结果来确定。

监测断面的设置原则。在水域的下列位置应设置监测断面：有大量废水排入河流的主要居民区、工业区的上游和下游；湖泊、水库、河口的主要入口和出口；饮用水源区、水资源集中的水域、主要风景游览区、水上娱乐区及重大水利设施所在地等功能区；较大支流汇合口上游和汇合后与干流充分混合处；入海河流的河口处；受潮汐影响的河段和严重水土流失区；国际河流出入国境线的出入口处；应尽可能与水文测量断面重合，并要求交通方便，有明显岸边标志。

河流监测断面的设置：对于江、河水系或某一河段，要求设置三种断面，即对照断面、控制断面和削减断面。对照断面为了解流入监测河段前的水体水质状况而设置，这种断面应设在河流进入城市或工业区以前的地方，避开各种废水、污水流入或回流处。一个河段一般只设一个对照断面，有主要支流时可酌情增加；控制断面为评价、监测河段两岸污染源对水体水质影响而设置。控制断面的数目应根据城市的工业布局和排污口分布情况而定。断面的位置与废水排放口的距离应根据主要污染物的迁移、转化规律，河水流量和河道水力学特征确定，一般设在排污口下游500～1000m处，因为在排污口下游500m横断面上的1/2宽度处重金属浓度一般出现高峰值。对特殊要求的地区，如水产资源区、风景游览区、自然保护区、与水源有关的地方病发病区、严重水土流失区及地球化学异常区等的河段上也应设置控制断面。削减断面是指河流受纳废水和污水后，经稀释扩散和自净作用，使污染物浓度显著下降，其左、中、右三点浓度差异较小的断面，通常设在城市或工业区最后一个排污口下游1500m以外的河段上。水量小的小河流应视具体情况而定。有时为了取得水系和河流的背景监测值，还应设置背景断面。这种断面上的水质要求基本上未受人类活动的影响，应设在清洁河段上。

湖泊、水库监测断面的设置：对不同类型的湖泊、水库应区别对待。为此，首先判断湖、库是单一水体还是复杂水体；考虑汇入湖、库的河流数量，水体的径流量、季节变化及动态变化，沿岸污染源分布及污染物扩散与自净规律、生态环境特点等；然后按照前面讲的设置原则确定监测断面的位置；在进出湖泊、水库的河流汇合处分别设置监测断面；以各功能区（如城市和工厂的排污口、饮用水源、风景游览区、排灌站等）为中心，在其辐射线上设置弧形监测断面；在湖库中心，深、浅水区，滞流区，不同鱼类的洄游产卵区，水生生物经济区等设置监测断面。

采样点位的确定：设置监测断面后，应根据水面的宽度确定断面上的采样垂线，再根据采样垂线的深度确定采样点位置和数目。

对于江、河水系的每个监测断面，当水面宽小于50m时，只设一条中泓垂线；水面宽50～100m时，在左右近岸有明显水流处各设一条垂线；水面宽为100～1000m时，设左、中、右三条垂线（中泓、左、右近岸有明显水流处）；水面宽大于1000m时，至少要设置5条等距离采样垂线；较宽的河口应酌情增加垂线数。

在一条垂线上，当水深小于或等于5m时，只在水面下0.3～0.5m处设一个采样点；水深5～10m时，在水面下0.3～0.5m处和河底以上约0.5m处各设一个采样点；水深10～50m时，设三个采样点，即水面下0.3～0.5m处一点，河底以上约0.5m处一点，1/2水深处一点；水深超过50m时，应酌情增加采样点数；对于湖、库监测断面上采样点位置和数目的确定方法与河流相同。如果存在间温层，应先测定不同水深处的水温、溶解氧等参数，确定成层情况后再确定垂线上采样点的位置。

监测断面和采样点的位置确定后，其所在位置应该有固定而明显的岸边天然标志。如果没有天然标志物，则应设置人工标志物，如竖石柱、打木桩等。每次采样要严格以标志物为准，使采集的样品取自同一位置上，以保证样品的代表性和可比性。

（3）采样时间和采样频率的确定

为使采集的水样具有代表性，能够反映水质在时间和空间上的变化规律，必须确定合理的采样时间和采样频率，一般原则是：对于较大水系干流和中、小河流，全年采样不少于6次；采样时间为丰水期、枯水期和平水期，每期采样2次。流经城市工业区、污染较重的河流、游览水域、饮用水水源地全年采样不少于12次；采样时间为每月1次或视具体情况选定。底泥每年在枯水期采样1次；潮汐河流全年在丰、枯、平水期采样，每期采样2天，分别在大潮期和小潮期进行，每次应采集当天涨、退潮水样分别测定；排污渠每年采样不少于3次；设有专门监测站的湖、库，每月采样1次，全年不少于12次。其他湖泊、水库全年采样2次，枯、丰水期各1次。有废水排入、污染较重的湖、库，应酌情增加采样次数；背景断面每年采样1次。

（4）结果表达、质量保证及实施计划

水质监测所测得的众多化学、物理以及生物学的监测数据，是描述和评价水环境质量，进行环境管理的基本依据，必须进行科学的计算和处理，并按照要求的形式在监测报告中表达出来。

质量保证概括了保证水质监测数据正确可靠的全部活动和措施。质量保证贯穿监测工作的全过程。

实施计划是实施监测方案的具体安排，要切实可行，使各环节工作有序、协调地进行。

2.地下水质监测方案的制订

储存在土壤和岩石空隙（孔隙、裂隙、溶隙）中的水，统称为地下水。地下水是水体的组成部分，具备水体的特征，与人民生活息息相关。地下水采样与监测，对于地下水源保护和开发、地下水污染的综合防治及其水质评价等都有重要意义。

（1）地下水的特征

地下水的形成主要取决于地质条件和自然地理条件。此外，人类活动对地下水也有一定影响。地质因素对地下水形成的影响，主要表现在岩石性质和结构方面；岩石和土壤空隙是地下水储存与运动的先决条件。自然地理条件中主要是气候、水文和地貌的影响最为显著。地下水的物理、化学性质随空间和时间而变化，地下水的化学成分和理化特性在循环运动过程中受气候、岩性和生物作用的影响，受补给条件和水运动强弱的约束。地下水化学成分的形成过程，实际上是一个不断变化的过程。

地下水按埋藏条件不同可分为潜水、承压水和自流水三类，也有分为上层滞水、潜水和自流水三类的；按含水层性质的差别，又分为孔隙水、裂隙水、岩溶水三类。欲采集有代表性的水样，应运用地理、地质、气象、水文、生态、环境等综合性的知识，并应首先考虑地下水的类型和下列因素：地下水流动较慢，所以水质参数的变化慢，一旦污染很难恢复，甚至无法恢复；地下水埋藏深度不同，温度变化规律也不同。近地表的地下水的温度受气温的影响，具有周期性变化，较深的年常温层中地下水温度比较稳定，水温变化不超过0.1℃；但水样一经取出，其温度即可能有较大的变化。这种变化能改变化学反应速度，从而改变原来的化学平衡，也能改变微生物的生长速度。地下水所受压力较大，面对的环境条件与地面水不同，一旦取出，可溶性气体的溶入和逃逸，带来一系列的化学变化，改变水质状况。例如，地下水富含H_2S，但溶解氧较低，取出后H_2S的逃逸，大气中O_2的溶入，会发生一系列的氧化还原变化；水样吸收或放出CO_2可引起pH值变化；由于采水器的吸附或沾污及某些组分的损失，水样的真实性将受到影响。

（2）调查研究和收集资料

地下水的特性决定了地下水布点的复杂性，因此布点前的调查研究和资料收集尤其重要，内容包括如下方面：

①进行现场工作之前，应收集、汇总有关水文、地质方面的资料和已有的监测资料。这些资料包括地质图、剖面图、航空摄影测绘图、水井的成套参数以及其他地球物理资料、岩层标本和水质参数等。

②收集区域内基本气象资料（温度、湿度、降雨量、冰冻时间等）。

③搞清区域内各含水层和地质阶梯，地下水补给，径流和排泄方向。

④调查城市发展、工业分布、资源开发和土地利用等情况；了解化肥和农药的施用面积和施用量；查清污水灌溉、排污、纳污和地表水污染的现状。

⑤要对水位及水深进行实际测量。测量水位和水深是为了决定采水器和泵的类型、所需费用和采样程序。

⑥在完成以上调查研究的基础上，确定主要污染源和污染物，根据地区特点与地下水的主要类型，把地下水分成若干个水文地质单元。

（3）采样点的设置

由于地质结构复杂，地下水采样点的设置也变得复杂。自监测井采集的水样只代表含水层平行和垂直的一小部分，所以，必须合理地选择采样点。目前，地下水监测以浅层地下水（又称潜水）为主，应尽可能利用各水文地质单元中原有的水井（包括机井）；还可对深层地下水（也称承压水）的各层水质进行监测。孔隙水以第四纪为主，基岩裂隙水以监测泉水为主。

背景值监测点的设置：背景值采样点应设在污染区的外围不受或少受污染的地方；对于新开发区，应在引入污染源之前设置背景值监测点。

监测井（点）的布设：监测井布点时，应考虑环境水文地质条件、地下水开采情况、污染物的分布和扩散形式，以及区域水化学特征等因素；对于工业区和重点污染源所在地的监测井（点）布设，主要根据污染物在地下水中的扩散形式确定，例如，渗坑、渗井和堆渣区的污染物在含水层渗透性较大的地区易造成条带状污染；污灌区、污养区及缺乏卫生设施的居民区的污水渗透到地下易造成块状污染，此时监测井（点）应设在地下水流向的平行和垂直方向上，以监测污染物在两个方向上的扩散程度。渗坑、渗井和堆渣区的污染物在含水层渗透小的地区易造成点状污染，其监测井（点）应设在距污染源最近的地方。沿河、渠排放的工业废水和生活污水因渗漏可能造成带状污染，此时宜用网状布点法设置监测井。一般监测井在液面下0.3～0.5m处采样；若有间温层或多含水层分布，可按具体情况分层采样。

（4）采样时间和采样频率的确定

每年应在丰水期和枯水期分别采样测定，有条件的地方按地区特点分四季采样，已建立长期观测点的地方可按月采样监测。

通常每一采样期至少采样监测1次；对饮用水源监测点，要求每一采样期采样监测2次，其间隔至少10天；对有异常情况的井点，应适当增加采样监测次数。

3.水污染源监测方案的制订

水污染源包括工业废水源、生活污水源、医院污水源等。在制订监测方案时，首先也是进行调查研究，收集有关资料，查清用水情况、废水或污水的类型、主要污染物及排污走向和排放量，车间、工厂或地区的排污口数量及位置，废水处理情况，是否排入江、河、湖、海，流经区域是否有渗坑等；然后进行综合分析，确定监测项目、监测点位，选定采样时间和频率，采样和监测方法及技术，制定质量保证程序、措施和实施计划等。

（1）采样点的设置

水污染源一般经管道或渠、沟排放，截面积比较小，不需设置断面，而直接确定采样点位。

工业废水：在车间或车间设备出口处应布点采样测定一类污染物。这些污染物主要包括汞、镉、砷、铅和它们的无机化合物，六价铬的无机化合物，有机氯和强致癌物质等；在工厂总排污口处应布点采样测定二类污染物。这些污染物有悬浮物、硫化物、挥发酚、氰化物、有机磷、石油类、铜、锌、氟及它们的无机化合物，硝基苯类、苯胺类；有处理设施的工厂应在处理设施的排出口处布点。为了解对废水的处理效果，可在进水口和出水口同时布点采样；在排污渠道上，采样点应设在渠道较直、水量稳定、上游没有污水汇入处；某些二类污染物的监测方法尚不成熟，在总排污口处布点采样监测因干扰物质多而会影响监测结果，应将采样点移至车间排污口，按废水排放量的比例折算成总排污口废水中的浓度。

生活污水和医院污水：采样点设在污水总排放口。对污水处理厂，应在进、出口分别设置采样点采样监测。

（2）采样时间和频率

工业废水的污染物含量和排放量常随工艺条件及开工率的不同而有很大差异，故采样时间、周期和频率的选择是一个较复杂的问题。一般情况下，可在一个生产周期内每隔1h采样1次，将其混合后测定污染物的平均值。如果取n个生产周期（如3～5个周期）的废水样监测，可每隔2h取样一次。对于排污情况复杂、浓度变化大的废水，采样时间间隔要缩短，有时需要5～10min采样一次，这种情况最好使用连续自动采样装置。对于水质和水量变化比较稳定或排放规律性较好的废水，待找出污染物浓度在生产周期内的变化规律后，采样频率可大大降低，如每月采样2次。

城市排污管道大多数受纳多个工厂排放的废水，由于在管道内废水已进行了混合，故在管道出水口，可每隔1h采样1次，连续采集8h，也可连续采集24h，然后将其混合制成混合样，测定各污染组合的平均浓度。

我国《环境监测技术规范》中对向国家直接报送数据的废水排放源规定：工业废水每年采样监测2～4次；生活污水每年采样监测2次，春、夏季各1次；医院污水每年采样监测4次，每季度1次。

第二节 土壤污染及生物污染的监测

一、土壤污染及土壤监测

（一）土壤污染源

1.施肥引起的污染

该类污染主要是由于施肥不当而造成的土壤污染。例如，长期施用硫酸铵肥料，铵离子被土壤胶体吸附，慢慢地被作物吸收，而硫酸根逐渐累积在土壤里，时间久了，酸性不断加强，土壤就会板结，从而不利于作物生长。又如，对土壤施用垃圾、粪便和生活污水时，如果不进行适当的消毒灭菌处理，有可能造成土壤的生物学污染，使土壤成为传播某些流行病的疫源。

2.污水灌溉引起的污染

污水灌溉农田，国外始于1859年，近年来发展较快。在我国随着工业化的发展，污水灌田也在逐步扩大。污水灌溉农田，在农业上可以起到增水、增肥、增产、省工、省电和降低成本的效果；同时，还可以减轻污水对地表水的污染。但是，利用污水灌田，如果处理不当，会使农产品、土壤和地下水受到污染。例如，污水灌田能使土壤中的镉明显积累，通过稻米直接危害人体健康；同时还会造成土壤中铜、铅、锌、铬等含量的增高。又如，污水中油分过大、洗涤剂过多，会使它们覆盖在稻田表面，隔断氧的供应，促进土壤的还原作用产生硫化氢，使土壤理化性状恶化，从而危害作物生长，轻则茎秆矮小、根枝减少，青米、黄米、畸形米增加，产米率明显下降，重者则发黄枯死。

3.重金属污染

土壤重金属来源主要有空气溶胶、农药、磷酸盐、污水以及矿区废物等。空气溶胶中进入土壤的重金属有汞、镉、铬、铅、镍、铜、锌等；农药中常含有铜、铅、汞、镉、锰、锌等；施用磷酸盐常带进不同数量的几种重金属，如铬、镉、锰、铅等；有机废物、阴沟污泥、矿区排水都含有一定量的重金属，亦会污染土壤。

4.农药污染

施用农药时，一部分直接落入土壤地面，一部分则通过作物落叶、降水而进入土壤。如果农药在土壤中积累的速度超过了土壤的自净能力，就会引起土壤污染。农药的种类繁多，主要分为有机氯农药和有机磷农药两大类。一些农药，像六六六、DDT、砷化物等，分解速度慢，可以在土壤中残留18个月以上。农药一般施于土壤表层，且因其溶解度较小，加上土壤的吸附作用，使农药很难向土层下部移动，因此，农药绝大多数都积累在表层20cm以内。

5.其他原因造成的污染

工业固体废物、生活垃圾等堆积在土壤上，使大量有机和无机污染物随之进入土壤，造成土壤污染。此外，在自然界中某些元素的富集中心在矿床周围，往往形成自然扩散晕，使附近土壤中某些元素的含量超过一般土壤的含量范围，这种污染源称为自然污染源。

6.土壤污染的特点

土壤污染有以下几个特点：

（1）隐蔽性和潜伏性

土壤污染是污染物在土壤中长期积累的过程。其后果要通过长期摄食由污染土壤生产的植物产品的人体和动物的健康状况才能反映出来。因此，土壤污染具有隐蔽性和潜伏性，不像大气和水体污染那样易为人们所觉察。

（2）不可逆性和长期性

污染物进入土壤环境后，便与复杂的土壤组成物质发生一系列迁移转化作用。其中，许多污染作用为不可逆过程，污染物最终形成难溶化合物沉积在土壤中。因而，土壤一旦遭受污染，极难恢复。

（二）土壤污染物的测定

1.监测项目

环境是个整体，污染物进入哪一部分都会影响整个环境。因此，土壤监测必须与大气、水体和生物监测相结合才能全面客观地反映实际。确定土壤中优先监测物的依据是国际学术联合会环境问题科学委员会（SCOPE）提出的"世界环境监测系统"草案。该草案规定，空气、水源、土壤以及生物界中的物质都应与人群健康联系起来。土壤中优先监测物有以下两类。第一类：汞、铅、镉、DDT及其代谢产物与分解产物，多氯联苯；第二类：石油产品，DDT以外的长效性有机氯、四氯化碳醋酸衍生物、砷、锌、硒、铬、镍、锰、钒，有机磷化合物及其他活性物质（抗菌素、激素、致畸形物质、催畸形物质和诱变物质）等。

我国土壤常规监测项目中，金属化合物有镉、铬、铜、汞、铅、锌；非金属无机化合物有砷、氰化物、氟化物、硫化物等；有机化合物有苯并（a）芘、三氯乙醛、油类、挥发酚、DDT、六六六等。

2.土壤样品采集

（1）污染土壤样品采集

污染调查：采集污染土壤样品之前，首先要进行污染调查。调查内容包括：①自然条件，如成土母质、地形、植被水文、气候等；②农业生产情况，如土地利用情况，作物生长与产量、耕作、水利、肥料、农药等；③土壤性状，如土壤类型、层次特征、分布及农业生产特性等；④污染历史与现状，如水、气、农药、肥料等途径的影响，以及矿床的影响等。

采样点布设：采样地点的选择应具有代表性。因为土壤本身在空间分布上具有一定的不均匀性，故应多点采样、均匀混合，以使所采样品具有代表性。采样地如面积不大，在2～3亩以内，可在不同方位选择5～10个有代表性的采样点。如果面积较大，采样点可酌情增加。采样点的布设应尽量照顾土壤的全面情况，不可太集中。

采样深度：如果只是一般了解土壤污染情况，采样深度只需取20cm的耕层土壤和耕层以下的土层（20～40cm）土样。如果了解土壤污染深度，则应按土壤剖面层次分层取样。采样时应由下层向上层逐层采集：首先挖一个1m×1.5m左右的长方形土坑，深度达潜水区（2m左右）或视情况而定；然后根据土壤剖面的颜色、结构、质地等情况划分土层；在各层内分别用小铲切取一片片土壤，根据监测目的，可取分层试样或混合体。用于重金属项目分析的样品，需将接触金属采样器的土壤弃去。

采样时间：采样时间随测定项目而定。如果只为了解土壤污染情况，可随时采集土壤测定；有时需要了解土壤上生长的植物受污染的情况，则可依季节变化或作物收获期采集土壤和植物样品；一年中在同一地点采集两次进行对照。

采样量：具体需要多少土壤数量视分析测定项目而定，一般只要1～2kg即可。对多点均量混合的样品可反复按四分法弃取，最后留下所需的土量，装入塑料袋或布袋中。

采样注意事项：采样点不能设在田边、沟边、路边或肥堆边；将现场采样点的具体情况，如土壤剖面形态特征等做详细记录；现场填写标签两张（地点、土壤深度、日期、采样人姓名），一张放入样品袋内，一张扎在样品口袋上。

（2）土壤背景值样品采集

土壤中有害元素自然本底值是环境保护和环境科学的基本资料，是环境影响评价的重要依据。区域性环境本底调查中，首先要摸清当地土壤类型和分布规律，样点选择必须包括主要类型土壤并远离污染源，而且同一类型土壤应有3～5个重复样点，以便检验本底值的可靠性。土壤背景值调查采样要特别注意成土母质的作用，因为不同土壤母质常使土壤的组成和含量发生很大的差异。与污染土壤采样不同之处，是同一个样点并不强调采集多点混合样，而是选取发育典型、代表性强的土壤采样。采样深度一般采集1m以内的表土和芯土，对于发育完好的典型剖面，应按发生层分别采样，以研究各种元素在土体内的分配。

（三）土壤样品的制备与保存

1.土样的风干

除测定游离挥发酚、铵态氮、硝态氮、低价铁等不稳定项目需要新鲜土样外，多数项目需用风干土样。因为风干土样较易混合均匀，重复性、准确性都比较好。从野外采集的土壤样品运到实验室后，为避免受微生物的作用引起发霉变质，应立即将全部样品倒在塑料薄膜上或瓷盘内进行风干；当达半干状态时，把土块压碎，除去石块、残根等杂物后铺成薄层，经常翻动，在阴凉处使其慢慢风干，切忌阳光直接曝晒。样品风干处应防止酸、碱等气体及灰尘的污染。

2.磨碎与过筛

进行物理分析时，取风干样品100～200g，放在木板上用圆木棍碾碎，经反复处理使土样全部通过2mm孔径的筛子，将土样混匀储于广口瓶内，作为土壤颗粒分析及物理性质测定。

做化学分析时，一般常根据所测组分及称样量决定样品细度。分析有机质、全氮项目，应取一部分已过2mm筛的土，用玛瑙或有机玻璃研钵继续研细，使其全部通过60号筛（0.25mm）。用原子吸收光度法测Cd、Cu、Ni等重金属时，土样必须全部通过100号筛（尼龙筛）。研磨过筛后的样品混匀，装瓶，贴标签，编号，储存。

3.土样保存

将风干土样、沉积物或标准土样等贮存于洁净的玻璃或聚乙烯容器之内，在常温、阴凉、干燥、避阳光、密封（石蜡涂封）条件下保存。

二、生物污染监测

生物污染监测是环境质量监测的有效途径之一。因为生物体内污染物来自生物所处的环境，生物污染监测的结果可从一个侧面反映与生物生存息息相关的大气污染、水体污染及土壤污染的积累性作用。

（一）概述

生物是环境的五大要素之一。对环境的生物要素受污染程度进行监测的工作称为生物污染监测。生物污染监测的监测对象是生物体，监测内容是生物体内所含环境污染物。

由于生物的生存与大气、水体、土壤等环境要素息息相关，生物在从这些环境要素中摄取营养物质和水分的同时，也摄入了环境污染物质并在体内蓄积。因此，生物污染监测的结果可在一定程度上反映生物体对环境污染物的吸收、排泄和积累情况，从一个侧面反映与生物生存相关的大气污染、水体污染及土壤污染的积累性作用程度。

生物污染监测采用物理、化学方法，通过对生物体所含环境污染物的分析，对环境质量进行监测，它予以生物学、生态学方法对环境质量进行跟踪性检测的"生物监测"并不是一回事。前者的监测重点是生物体内环境污染物，而后者则是利用生物个体、种群或群落的状况和变化及其对环境污染或变化所产生的反应，阐明环境污染状况。但生物污染监测与生物监测亦有一定的联系：二者的分析对象都是生物，生物污染监测是生物监测的内容之一。

生物污染监测与大气污染监测、水体污染监测、土壤污染监测相比，最大的差别在于分析对象的特殊性，而四者的监测方法则大同小异。

（二）污染物在生物体内的分布

生物样品的特殊性在于污染物在生物体内各个部位的分布是不均匀的，且不同的生物其分布情况亦可能是不相同的。了解污染物在生物体内的一般分布规律，对正确采集样品、选择适宜的监测方法是十分重要的。

1.污染物在植物体内的分布

植物受污染物污染的主要途径有表面附着、植物吸收等，而污染物在植物体内的分布规律则与吸收污染物的主要途径、植物的种类、污染物的性质等因素有关。

（1）表面附着

表面附着是指污染物以物理的方式粘附在植物表面的现象。例如，散逸到大气中的各种气态污染物、施用农药、大气中的粉尘降落及含大气污染物的降水等，会有一部分黏附在植物的表面上，造成对植物的污染和危害。表面附着量的大小与植物的表面积大小、表面形状、表面性质及污染物的性质、状态等有关。表面积大、表面粗糙、有绒毛的植物其附着量较大、黏度大，粉状污染物在植物上的附着量亦较大。

（2）植物吸收

植物对大气、水体和土壤中污染物的吸收可分为主动吸收和被动吸收两种方式。

所谓主动吸收即代谢吸收，是指植物细胞利用其特有的代谢作用所产生的能量而进行的吸收作用。细胞利用这种吸收能把浓度差逆向的外界物质引入细胞内。如植物叶面的气孔能不断地吸收空气中极微量的氟等，吸收的氟随蒸腾流转移到叶尖和叶缘，并在那里积累至一定浓度后造成植物组织的坏死。植物通过根系从土壤或水体中吸收营养物质和水分的同时亦吸收污染物，其吸收量的大小与污染物的性质及含量、土壤性质和植物品种等因素有关。如用含镉污水灌溉水稻，水稻将从根部吸收镉，并在水稻的各个部位积累，造成水稻的镉污染。主动吸收可使污染物在植物体得到成百倍、千倍甚至数万倍的浓缩。

所谓被动吸收即物理吸收，这种吸收依靠外液与原生质的浓度差，通过溶质的扩散作用而实现吸收过程，其吸收量的大小与污染物性质及含量大小，以及植物与污染物接触时间的长短等因素有关。

（3）污染物在植物体内的分布

植物吸收污染物后，其污染物在植物体内的分布与植物种类、吸收污染物的途径等因素有关。

植物从大气中吸收污染物后，污染物在植物体内的残留量常以叶部分布最多。例如，在含氟的大气环境中种植的番茄、茄子、黄瓜、菠菜、青萝卜、胡萝卜等蔬菜体内氟的含量分布符合此规律。

植物从土壤和水体中吸收污染物，其残留量的一般分布规律是：根>茎>叶>穗>壳>种子。例如，在被镉污染的土壤中种植的水稻，其根部的镉含量远大于其他部位。

植物的种类不同，对污染物的吸收残留量的分布也有不符合上述规律的。例如，在被镉污染的土壤中种植的萝卜和胡萝卜，其根部的含镉量低于叶部。

2.污染物在动物体内的分布

环境中的污染物主要通过呼吸道、消化道和皮肤吸收等途径进入动物体，通过食物链而得到浓缩富集，最后进入人体。

（1）动物吸收

动物在呼吸空气的同时将毫无选择地吸收来自空气中的气态污染物及悬浮颗粒物，在饮水和摄入食物的同时，也将摄入其中的污染物，脂溶性污染物还能通过皮肤的吸收作用进入动物肌体。例如，某些气态毒物如氰化氢、砷化氢以及重金属汞等都可经皮肤吸收。当皮肤有病损时，原不能经完整皮肤吸收的物质也可通过有病损的皮肤而进入动物体。

呼吸道吸收的污染物，通过肺泡直接进入动物体内大循环；消化道吸收的污染物通过小肠吸收（吸收的程度与污染物的性质有关），经肝脏再进入大循环；经皮肤吸收的污染物可直接进入血液循环；另外，由呼吸道吸入并沉积在呼吸道表面上的有害物质，也可以咽到消化道，再被吸收进入肌体。污染物被吸收后，可在动物体内发生转化与排泄作用。

有机污染物进入动物体后，除很少一部分水溶性强、分子量小的毒物可以原形排出外，绝大部分都要经过某种酶的代谢或转化作用改变其毒性，增强其水溶性而易于排泄。肝脏、肾脏、胃、肠等器官对各种毒物都有生物转化功能，其中尤以肝脏最为重要。

无机污染物（包括金属和非金属污染物）进入动物体后，一部分参与体内生物代谢过程，转化为化学形态和结构不同的物质，如金属的甲基化、脱甲基化、配位反应等；也有一部分直接蓄积于细胞各部分。

动物体对污染物的排泄作用主要通过肾脏、消化道和呼吸道，也有少量随汗液、乳汁、唾液等分泌液排出，还有的在皮肤的新陈代谢过程中到达毛发而离开肌体。有毒物质在排泄过程中，可在排出器官处造成继发性损害，成为中毒表现的一部分。另外，当有毒物质在体内某器官处的蓄积超过某一限度时，则会给该器官造成损害，出现中毒表现。

（2）生物浓缩作用

生物浓缩作用亦称生物富集作用，它是指生物（包括微生物）通过食物链进行传递和富集污染物的一种方式。水体中的污染物通过生物、微生物的代谢作用进入生物、微生物体内得到浓缩，其浓缩作用可使污染物在生物体的含量比在水体中的浓度大得多。例如，进入水体中的污染物，除了由水中生物的吸收作用直接进入生物体外，还有一个重要途径：食物链。浮游生物是食物链的基础。在水体环境中，常存在如下食物链：虾米吃"细泥"（实质上是浮游生物），小鱼吃虾米，大鱼吃小鱼。污染物在食物链的每次传递中浓度就得到一次浓缩，甚至可以达到产生中毒作用的程度。人处于这一食物链的末端，人若长期食用了污染水体中的鱼类，则可能由于污染物在体内长期富集浓缩，引起慢性中毒。

环境污染物不仅可以通过水生生物食物链富集，也可以通过陆生生物链富集。例如，农药、大气污染物，可通过植物的叶片、根系进入植物体内得到富集，而含有污染物的农作物、牧草、饲料等经过牛、羊、猪、鸡等动物进一步富集，最后通过粮食、蔬菜、水果、肉、蛋、奶等食物进入人体中浓缩，危害人体健康。

（3）污染物在动物体内的分布

污染物质被动物体吸收后，借助动物体的血液循环和淋巴系统作用在动物体内进行分布，并发生危害。污染物质在动物体内的分布与污染物的性质及进入动物组织的类型有关，其分布大体有以下五种分布规律：能溶解于体液的物质，如钠、钾、锂、氟、氯、溴等离子，在体内分布比较均匀；锑、铊等三价和四价阳离子，水解后生成胶体，主要蓄积于肝和其他网状内皮系统；与骨骼亲和性较强的物质，如铅、钙、钡、锶、镭、铍等二价阳离子在骨骼中含量极高；对某种器官具有特殊亲和性的物质，则在该种器官中积累较多。如碘对甲状腺、汞对肾脏有特殊亲和性，故碘在甲状腺中积贮较多，汞在肾脏中积贮较多；脂溶性物质，如有机氯化合物（DDT、六六六等），主要积累于动物体内的脂肪中。

以上五种分布类型之间又是彼此交叉，比较复杂的。往往一种污染物对某一种器官有特殊亲和作用，但同时也分布于其他器官。例如，铅离子除分布在骨骼中外，也分布于肝、肾中；砷除分布于肾、肝、骨骼外，也分布于皮肤、毛发、指甲中。另外，同一种元素可能因其价态或存在形态不同而在体内蓄积的部位也有所不同。例如，水溶性汞离子很少进入脑组织，但烷基汞呈脂溶性，能通过脑屏障进入脑组织。再如进入体内的四乙基铅，最初在脑、肝中分布较多，但经分解转变为无机铅后，则铅主要分布在骨骼、肝、肾中。

（三）生物污染监测方法

生物污染的监测方法与水体、土壤污染的监测方法大同小异，都是处理成溶液后对溶液进行测定，所不同的主要是样品的预处理方法不同。另外，由于生物体中污染物的含量一般很低，故需要选用灵敏度较高的现代分析仪器进行痕量或超痕量分析。常用的分析方法有光谱分析法、色谱分析法、电化学分析法等。

1.光谱分析法

（1）可见-紫外分光光度法

此法可用于测定多种农药，含汞、砷、铜或酚类杀虫剂，芳香烃、共轭双键等不饱和烃，以及某些重金属和非金属（如氟、氰等）化合物等。此法的灵敏度相对较低，但所用仪器设备价格较低。

（2）红外分光光度法

此法可鉴别有机污染物结构，并可对其进行定量测定。

（3）原子吸收分光光度法

此法适用于镉、汞、铅、铜、锌、镍、铬等有害金属元素的定量测定，具有速度快、选择性好、灵敏度高、操作简单等优点。

（4）发射光谱法

此法适用于多种金属元素进行定性和定量分析，特别是等离子体发射光谱法可对样品中多种微量元素进行同时分析。

（5）"X"射线荧光光谱分析

此法适用于生物样品中多元素的分析，特别是对硫、磷等轻元素很容易测定，而其他光谱法则比较困难。

2.色谱分析法

（1）薄层层析法

薄层层析法是应用层析板对有机物进行分离、显色和检测的简便方法，可对多种农药进行定性和半定量分析。如果与薄层扫描仪联用或洗脱后进一步分析，则可进行定量测定。

（2）气相色谱法

此法广泛用于粮食等生物样品中烃类、酚类、苯和硝基苯、胺类、多氯联苯及有机磷、有机氯农药等有机污染物的测定。此法操作简单，分析速度快，灵敏度高。

（3）高压液相色谱法

此法特别适用于分子量大于300，热稳定性差和离子型化合物的分析；应用于粮食、蔬菜等样品中的多环芳烃、酚类、异腈酸酯类和取代酯类等农药的测定，效果良好。

第六章　突发环境污染事故监测

第一节　突发污染事故概述

一、突发环境污染事故的概念

（一）环境污染事故的含义

环境污染事故是指由于违反环境保护法规的经济、社会活动与行为，以及意外因素的影响或不可抗拒的自然灾害等原因使环境受到污染，国家重点保护的野生动植物、自然保护区受到破坏，人体健康受到危害，社会经济与人民财产受到损失，造成不良社会影响的事故。

环境污染事故，尤其是突发性环境污染事故，不同于常规意义上的环境污染，它没有统一的排放途径和排放方式，或因生产设施溢漏、爆炸，或因危险化学品运输车辆倾翻等，具有极大的偶然性和不可预料性，发生突然，瞬时排放出大量的污染物质，造成或者可能造成重大人员伤亡、重大财产损失，或对某一区域的经济社会稳定、政治安定构成重大威胁和损害，威胁人类健康，制约着生态平衡及社会、经济的正常发展。

（二）突发环境污染事故的特征

根据对历史上各种突发环境污染事故案例的分析，突发环境污染事故主要具有以下几个特征：

形式多样。突发环境污染事故，有工业生产事故、固体废物污染事故、陆上交通运输事故、海运船只溢油及核辐射事故等，涉及众多领域和行业。就此类事故而言，其所含污染因素众多，表现形式也呈现多样性。

暴发突然。突发环境污染事故无固定的排放途径和排放方式，具有极大的偶然性和不可预料性，其来势凶猛，在短时间内往往难以控制。

危害严重。由于环境污染事故的突发性，其瞬时的破坏性极大，影响一定区域内正常的生产、生活秩序，甚至可能导致人员伤亡和不稳定事件的发生。

影响长期环境。突发环境污染事故不仅对局部区域的生态环境造成极大的污染和破坏，其遗留的有毒有害物质有时难以全部清理，需要投入大量的人力、物力，长期治理，甚至加剧人类当前面临的各种全球性环境危机。

处置困难。突发环境污染事故的监测、处置不同于一般的环境污染，要求快速、及时。但由于其暴发的突发性、危害的严重性和影响的长期性，导致对其的监测和处置更为艰巨和复杂，难度更大。

二、突发环境污染事故的分类

一般来说，突发环境污染事故无特定的污染物排放途径和排放方式，可能导致水体污染事故、大气污染事故、土壤污染事故、噪声与振动危害事故、放射性污染事故以及生物多样性的破坏等。从污染源性质来看，突发环境污染事故可以划分为固定源污染事故和流动源污染事故。从严重性和紧急程度，又可划分为特别重大环境事件（Ⅰ级）、重大环境事件（Ⅱ级）、较大环境事件（Ⅲ级）和一般环境事件（Ⅳ级）四级。

究其发生原因，大概可划分为以下几类：

（1）工业生产废物的非法排放。

（2）工业生产的安全事故。

（3）道路运输工具的破损。

（4）危险化学品仓储设施的破坏。

（5）废弃物场地、废弃工业设施的污染。

（6）泄洪等含大量耗氧污水的突然集中排放。

三、突发环境污染事故的危害

突发环境污染事故发生时往往产生大量有毒有害化学物质，严重影响生态环境，对社会资源与经济造成了巨大损失，直接危害人民群众的生命安全，对社会的稳定和报告环境污染与破坏事故的暂行方法可持续发展也造成了极其严重的影响。从我国现行行业法规来看，《突发环境事件应急预案管理暂行办法》中环境污染事故危害被定义为"环境受到污染，国家重点保护的野生动植物、自然保护区受到破坏……"，该定义主要从损害受体确定环境污染事故损害范围（包括环境污染、生态破坏、自然资源损害、人身伤亡、财产损失以及社会生活受到影响）；《农业环境污染事故损失评价技术准则》（NY 1263-2007）规定了污染事故经济损失包括财产损失、资源环境损失和人身伤亡损失；《渔业污染事故经济损失计算方法》（GB/T 21678-2008）规定：由于渔业水域环境污染、破坏造成天然渔业资源损害，在计算经济损失时，应考虑天然渔业资源的恢复费用。具体而言，突发环境污染事故的危害表现在以下几个方面。

（一）对人体健康的影响

随着我国经济的持续发展，环境污染问题日益严重，尤其是城市等集中居住区居民的身体健康受到严重威胁。

1.引起急性或慢性中毒

通过吸入被污染气体、饮用污染水或食物被污染便可能造成急性或慢性中毒，如甲基汞中毒、镉中毒、砷中毒、铬中毒、氰化物中毒、农药中毒、多氯联苯中毒等，铅、钡、氟等也可对人体造成危害。这些急性或慢性中毒是环境污染对人体健康危害的主要方面。

2.致癌作用

某些有致癌作用的化学物质，如砷、铬、镍、铍、苯胺、苯并[a]芘和其他多环芳烃、卤代烃污染水体后，可以在悬浮物、底泥和水生生物体内蓄积。长期饮用含有这类物质的水，或食用体内蓄积有这类物质的生物就可能诱发癌症。

3.发生大规模的传染病

人畜粪便等生物性污染物污染水体，可能引起细菌性肠道传染病，如伤寒、副伤寒、痢疾、肠炎、霍乱、副霍乱等。肠道内常见病毒，如脊髓灰质炎病毒、柯萨奇病毒、人肠细胞病变孤病毒、腺病毒、呼肠孤病毒、传染性肝炎病毒等，皆可通过水污染引起相应的传染病；某些寄生虫病，如阿米巴痢疾、血吸虫病、贾第虫病等，以及由钩端螺旋体引起的钩端螺旋体病等，也可通过水传播。

4.间接影响

环境污染后，常可引起环境质量的感官性状恶化，如某些污染物在一般浓度下，对人的健康虽无直接危害，但可使水发生异臭、异味、异色、呈现泡沫和油膜等，妨碍水体的正常利用；铜、锌、镍等物质在一定浓度下能抑制微生物的生长和繁殖，从而影响水中有机物的分解和生物氧化，使水体的天然自净能力受到抑制，影响水体的卫生状况。

（二）对工业的影响

1.增加生产成本

工业企业都有一定的用水标准，由于水质下降，企业不得不对用水进行处理以提高水质，这就需要企业多付出一部分成本。

2.影响产品品质

由于水质达不到要求，可能影响产品的质量，降低产品的竞争力。

3.影响设备使用寿命

由于污水中含有各种化学物质，会对设备产生化学反应，腐蚀设备，缩短设备的使用寿命。

4.缺水性产能损失

由于水源受到污染，造成工业企业原料不足，不能按照已有的生产能力进行生产，造成产能下降。

（三）对农业的影响

农业生产对水资源具有较强的依赖性，是用水大户，农业生产是水环境污染的主要制造者，也是水环境污染的直接受害者。同时，大气沉降带来的土壤环境污染，也会使农业经济受到极大影响。

1.种植业

种植业对水质的依赖性非常大，如果水质太差，就会对种植业造成毁灭性打击，可能颗粒无收，或者生产出的粮食带毒，根本无法食用。大气沉降等带来的重金属对土壤的污染，又会通过食物链进入人体，直接影响人体健康。

2.林业

林业对水污染有较强的抵抗能力，当水质不是特别差时，树林可以慢慢地消化这些有害物质。正因为如此，人们对林业污染不重视，一旦发现污染现象，其实污染已经很严重了。

3.畜牧业

畜牧业是和草地、粮食相联系的，环境污染首先影响草地、畜禽，然后通过食物链影响人体健康。

4.渔业

渔业受水污染的影响最大，可以说，水环境治理直接影响渔业的生死存活。污染对渔业的危害主要表现为养殖水体水质恶化，病菌、病毒、有毒有害物质导致水生生物疾病以及大量死亡，有些水体的养殖功能完全丧失。

（四）对生态环境的影响

环境污染事故或多或少会对生态环境造成不同程度的破坏，严重的还会导致一定区域的生态失衡，使生态环境难以恢复，造成长期的危害。从环境污染事故特征来看，"恢复原状"理念的贯彻是将环境本身损害计算在损失评估和赔偿范围内的最好诠释。环境污染事故损失往往以环境为媒介，通过污染、破坏环境要素本身而导致环境质量下降和生态功能丧失，进而对受害人人身和财产造成损害，即相对于环境要素受到"直接"损害，由环境污染引起的人身伤害和财产损失显得更"间接"一些。以土壤污染为例，不仅会造成已投入的人工和种子、化肥等物资因减产、绝收而丧失必然可得利益，还会使土壤质量恶化，如酸性化、碱性化、板结等，或者使土壤肥力减退、丧失。

（五）对市政工程的影响

环境污染对市政建设的影响，主要包括以下几个方面：增加城市供水成本、增加城市污水处理运行费用、增加城市环境空气治理成本等。

第二节　应急监测方法

一、简易比色法

用视觉比较样品溶液或采样后的试纸浸渍后颜色与标准色列的颜色,以确定欲测组分含量的方法称为简易比色法。它是环境监测中常用的简单、快速的分析方法,具体有溶液比色法和试纸比色法。

(一)溶液比色法

该方法是将一系列不同浓度待测物质的标准溶液分别置于质料相同、高度、直径、壁厚一致的平底比色管(纳氏比色管)中,加入显色剂并稀释至标线,经混合、显色后制成标准色列(或称标准色阶),然后取一定体积样品,用与标准色列相同方法和条件显色,再用目视方法与标准色列比较,确定样品中被测物质的浓度。该方法操作和所用仪器简单,并且由于比色管长,液层厚度高,特别适用于浓度很低或颜色很浅的溶液比色测定。

在水质分析中,较清洁的地表水和地下水色度的测定、pH值的测定及某些金属离子和非金属离子的测定可采用此方法。在空气污染监测中,使待测空气通过具有对待测物质吸收兼显色作用的吸收液,则待测物质与吸收液迅速发生显色反应,由其颜色的深度与标准色列比较进行定量。表6-1为用溶液比色法测定几种空气污染物时所用试剂及颜色变化。

表6-1　溶液比色法测定大气污染物所用试剂及颜色变化

被测物质	所用主要试剂	颜色变化
氮氧化物	对氨基苯磺酸、盐酸萘乙二胺	无色→玫瑰红色
二氧化硫	品红、甲醛、硫酸	无色→紫色
硫化氢	硝酸银、淀粉、硫酸	无色→黄褐色

被测物质	所用主要试剂	颜色变化
氟化氢	硝酸锆、茜素磺酸钠	紫色→黄色
氨	氯化汞、碘化钾、氢氧化钠	红色→棕色
苯	甲醛、硫酸	无色→橙色

（二）试纸比色法

常用的试纸比色法有两种，一种是将被测水样或气样作用于被显色剂浸泡的滤纸，使样品中的待测物质与滤纸上的显色剂发生化学反应而产生颜色变化，与标准色列比较定量；另一种是先将被测水样或气样通过空白滤纸，使被测物质吸附或阻留在滤纸上，然后在滤纸上滴加或喷洒显色剂，据显色后颜色的深浅与标准色列比较定量。前者适用于能与显色剂迅速反应的物质，如空气中硫化氢、汞等气态和蒸气态有害物质，以及水样的pH值等；后者适用于显色反应较慢的物质和空气中的气溶胶。

试纸比色法是以滤纸为介质进行化学反应的，滤纸的质量，如致密性、均匀性、吸附能力及厚度等均影响测定结果的准确度，应选择纸质均匀、厚度和阻力适中的滤纸，一般使用层析用滤纸，也可用致密、均匀的定量滤纸。滤纸本身含有微量杂质，可能会对测定产生干扰，使用前应经过处理除去杂质，如测铅的滤纸要预先用稀硝酸除去其本身所含微量铅。

试纸比色法简便、快速，实验设备便于携带，但测定误差大，只能作为一种半定量方法。

（三）植物酯酶片法测定蔬菜、水果上的有机磷农药

植物酯酶（如胆碱酯酶）能使2，6-二氯靛酚乙酯（底物）分解。

当蔬菜、水果样品浸泡液中含有有机磷农药时，则依次加入酶片和底物后，底物迅速分解，样品浸泡液很快由橙色变为蓝色；否则，酶片受有机磷农药抑制，底物分解变慢或不分解，导致浸泡液在较长时间内保持橙色不变或呈浅蓝色。故可通过与标准样品浸泡液中加入酶片和底物后变色情况比较，确定样品中有机磷农药含量。标准样品浸泡液是在无农药的清洁蔬菜或水果上均匀涂抹不同

量的有机磷农药后浸泡制得的。几种农药的检出限；敌敌畏为0.06mg/kg，敌百虫为2.0mg/kg，1605为5.0mg/kg，氧乐果为7.0mg/kg，甲胺磷为10.0mg/kg，乐果为10.0mg/kg。

酶片由胆碱酯酶固定在纤维素膜上制成，测定时将其碾碎加入浸泡液中，混匀并震荡数次。

（四）人工标准色列

简易比色法都要求预先制备好标准色列，但标准溶液制成的标准色列管携带不方便，长时间放置会褪色，故不便于保存和现场使用。因此，常常使用人工标准溶液或人工标准色板来代替，称为人工标准色列。

人工标准色列是按照溶液或试纸与被测物质反应所呈现的颜色，用不易褪色的试剂或有色塑料制成对应于不同被测物质浓度的色阶。前者为溶液型色列，后者为固体型色列。

制备溶液型色列的物质有无机物和有机物。无机物常用稳定的盐类溶液，如黄色可用氯化铁、铬酸钾、蓝色可用硫酸铜、红色可用氯化钴、绿色可用硫酸镍等。其方法是将其一种或几种溶液按不同比例混合配成所需不同颜色和深度的有色溶液，熔封在玻璃管中。有机物一般用各种酸碱指示剂，通过调整pH值或不同指示剂溶液按适当比例混合调配成需要的颜色。

制备固体型色列可用明胶、硝化纤维素、有机玻璃等作原料，用适当溶剂溶解成液体后加入不同颜色和不同量的染料，按照标准色列颜色要求调配成色阶，倾入适合的模具中，再将溶剂挥发掉，制成人工比色柱或比色板。

二、检气管法

检气管是将适当试剂浸泡过的多孔颗粒状载体填充于玻璃管中制成，当被测气体以一定流速通过此管时，被测组分与试剂发生显色反应，根据生成有色化合物的颜色深度或变色柱长度确定被测组分的浓度。

检气管法适用于测定空气中的气态或蒸气态物质，但不适合测定形成气溶胶的物质。该方法具有现场使用简便、测定快速、便于携带并有一定准确度等优点。每种检气管有一定测定范围、采气体积、抽气速度和使用期限，需严格按规定操作才能保证测定准确度。

（一）载体的选择与处理

载体的作用是将试剂吸附于它的表面，保证流过的气体中的被测物质迅速与试剂发生显色反应。为此，载体应具备下列性质；化学惰性；质地牢固又能被破碎成一定大小的颗粒；呈白色、多孔性或表面粗糙，以便于观察显色情况。常用的载体有硅胶、素陶瓷、活性氧化铝等。当需要表面积较大的载体时，可选用粗孔或中孔硅胶；当需要表面积较小的载体时，可选用素陶瓷。它们的处理方法如下。

1.硅胶

市售硅胶含有各种无机和有机物杂质，需处理去除。其处理方法是先进行破碎过筛，选取40～60、60～80、80～100目的颗粒，将其分别置于带回流装置的烧瓶中，加（1+1）硫酸–硝酸混合液至硅胶面以上1～2cm，在沸水浴中回流8～16h，冷却后倾去酸液，洗去余酸，再用沸蒸馏水浸泡、抽滤、洗涤，至浸泡过夜的蒸馏水pH在5以上和不含硫酸根离子为止（用氯化钡溶液检验）。洗好的硅胶先在110℃烘箱内烘干，使用前再视需要在指定温度下活化，冷却后装瓶备用。

2.素陶瓷

将素陶瓷片破碎，筛选40～60、60～80、80～100目的颗粒，分别在烧杯中用自来水搅拌洗涤，吸去上层浑浊液，继续洗涤至无浑浊后，再以蒸馏水洗至无氯离子为止。若陶瓷上黏有油污等，需用（1+1）硫酸–硝酸混合液在沸水浴中处理2～3h，再洗至无硫酸根为止。洗净的陶瓷颗粒用抽滤法滤去残留水，于110℃烘箱内烘干，冷却后装瓶备用。

（二）检气管的制备

1.试剂和载体粒度的选择

供制备填充载体的化学试剂（称指示剂）应与待测物质显色反应灵敏，这就要求一方面尽量选择灵敏度高、选择性好的指示剂，另一方面需要控制试剂的用量和载体的粒度。增加试剂量可使变色柱长度缩短或颜色加深，而载体颗粒大，则抽气阻力小，变色柱长度增大，但界限不清楚；载体颗粒小，则抽气阻力大，变色柱长度缩短，但界限清楚。因此，应通过试验选择粒度大小合适的载体。此外，为防止试剂吸收水分而变质，消除干扰物质对测定的干扰，还可以加入适当的保护剂。

2.填充载体的制备

先将试剂配成一定浓度的溶液，再将适量载体置于溶液中，不断地进行搅拌，使载体表面上均匀地吸附一层试剂溶液，然后，在适当的温度（视试剂性质而定）下，用蒸发或减压蒸发的方法除去溶剂。载体在试剂中浸泡时间、烘干温度等均应通过试验选择确定。

3.检气管的玻璃管及封装

用于制备检气管的玻璃管径要均匀，长度要一致。一般内径为2.5~2.6mm，长度为120~180mm。玻璃管用清洗液浸泡、洗净、烘干，将一端熔封，并用玻璃棉或其他塑料纤维塞紧，装入制备好的载体。填装时不断用小木棒轻轻敲打管壁，使填充物压紧，防止管内形成气体通道而使变色界限不清，造成测定误差。填充后，用玻璃棉塞紧，在氧化型火焰上快速熔封。

（三）检气管的标定

1.浓度标尺法

这种方法适用于对管径相同的检气管进行标定。任意选择5~10支新制成的检气管，用注射器分别抽取规定体积的5~7种不同质量浓度的标准气样，按规定速度分别推进或抽入检气管中，反应显色后测量各管的变色柱长度，一般每种质量浓度重复做几次，取其平均值。

2.标准浓度表法

大批量生产玻璃管时，严格要求管径一致是困难的，但管径不同会出现装入相同量的指示剂填充物而显色柱长度不等的情况，此时要用标准浓度表法进行标定。

（四）检气管的抽气装置

最常用的抽气装置是100mL注射器。需要抽取较大体积的气样时，在注射器和检气管之间接一个三通活塞，通过切换三通阀，可分次抽取100mL以上的气样。还可以用抽气泵自动采样，如真空活塞抽气泵等。在测定样品时，最好使用与标定时同类型的抽气装置，以减少误差。

目前已制出数十种有害气体的检气管，可用于测定空气和作业环境空气中有毒、有害气体，也可用于测定废水中挥发性的有害物质，如将废水中的游离氰在酸性介质中转换为挥发性氢氰酸，用抽气装置抽出并带入检气管显色测定。

三、环炉检测技术

环炉检测技术是将样品滴于圆形滤纸的中央，以适当的溶剂冲洗滤纸中央的微量样品，借助于滤纸的毛细管效应，利用冲洗过程中可能发生沉淀、萃取或离子交换等作用，将样品中的待测组分选择性地洗出，并通过环炉加热而浓集在外圈，然后用适当的显色试剂进行显色，从而达到分离和测定的目的。这是一种特殊类型的点滴分析，具有设备简单、成本低廉、便于携带、较高灵敏度和一定准确度等优点，已成功地用于冶金、地质、生化、临床、法医及环境污染方面的分析检测。

第三节　典型污染事故应急监测

一、生产安全事故引发的突发环境事故

事故名称："11·13"中石油吉化双苯厂爆炸引起松花江重大水污染应急监测案例

事故概要：2010年11月13日，位于松花江哈尔滨江段上游的中石油吉化公司双苯厂发生爆炸，大量含有苯和硝基苯的污水流入松花江，在松花江上形成了百余米的污染带，对松花江造成了严重的污染，哈尔滨市松花江水源地受到严重威胁，哈尔滨市政府决定：于11月23日零时起，关闭松花江哈尔滨段取水口，停止向市区供水。闻讯后，哈尔滨市环境监测中心站立即启动应急预案，实施了松花江有机污染应急加密监测，准确地监测分析了污染带浓度变化和持续时间，及时向上级部门和人民群众提供监测信息，为保证哈尔滨市人民饮水安全，保证哈依煤气气化厂正常生产，为市政府做出暂停和恢复城市供水决策提供了有力的科学依据。

（一）应急监测启动

1.应急接报

11月18日，哈尔滨市环保局接到黑龙江省环保局转来的吉林省环保局《关于

我省吉化公司双苯厂爆炸事件环保防控有关情况的函》，立即启动污染应急预案，哈尔滨市环境监测中心站召开了站班子成员和中层班子干部参加的应急监测专项站务会议，站长传达了上级部门的指示，通报吉化双苯厂爆炸引起松花江水质污染的情况，部署了应急监测的具体任务，组织全站人员全力以赴地开展松花江水污染应急监测工作。

2.现场情况

在应急监测工作中，共布设了苏家屯、木兰摆渡和达连河3个固定监测断面、88号兆、太平镇、朱顺屯、公路大桥、东江桥、呼兰河口下、大顶子山、巴彦港和通河镇9个监视性监测断面。每个监测断面设左、中、右3个监测点，共采集样品667个。

（二）应急监测方案

1.人员分工

（1）现场调查。11月13日，得知吉化双苯厂发生爆炸的信息后，哈尔滨市环境监测站立即部署应急监测的准备工作。一方面广泛收集地理、水文等相关资料，从理论上推算污染带到达的时间，同时与上游监测部门取得联系，及时获取了下岱吉和肇源等监测断面的污染信息，预测污染带到达哈尔滨市的水质污染程度，制订了周密的监测方案，进行了详细的人员分工和监测断面布设等准备工作。另一方面做好采样设备、相关药品、分析仪器和分析方法等方面的准备工作，开展了针对性监测分析，对部分江段的水样进行了分析测试工作。

（2）现场监测。11月18日哈尔滨市确定距松花江哈尔滨水源地16km的苏家屯断面为监视性预警断面，自19日开始每2h监测1次，21日8时至23日13时为每小时监测1次，23日13时开始每半小时监测1次。24日0时后转为每小时监测1次，12月5日水质稳定达标后转为每天监测1次，12月10日转为每周监测1次。

（3）站内分析。松花江水质监测项目主要为硝基苯和苯，对朱顺屯断面水面下3m处水质进行了50个项目的分析，并对松花江哈尔滨段的水生生物、底质、冰层和沿江地下水进行了监测，共取得监测数据1500多个。

（4）材料报告。应急监测工作中，共编制水源地水质应急监测快报400多期，发送信息快报58期，配合信息中心发布手机群呼1万多条，发布水质监测情况通报6期。

（5）后勤保障与通信。在松花江哈尔滨水污染监测工作中，哈尔滨市监测系统共出动244人，折合4866人次。其中哈尔滨市环境监测站出动监测人员69人，按工作日计折合2282人次。出动监测采样车辆8台，折合2800余台次。监测信息、资料通过电话、传真、网络、电子邮件和手机短信等形式，及时报送国家、省、市上级部门，上报给市委、市政府等24个单位，通报供排水集团、卫生局等9个部门，并通过新闻发布会和广播、电视台等媒体向社会公布。及时、准确地为政府决策提供监测信息，为社会公众提供污染动态。

2.监测布点

（1）地表水采样布点。水样：每个监测断面按左、中、右设三条垂线，左、右垂线表面至水下0.5m处设1个点，中线设2个点。

冰样：每个监测断面按左、中、右各设置一个点，在采集水样时，按垂直方法采集冰柱，从冰面到水面，要保证冰样采集到水层界面。每个点位采集平行双样，每个样品量不少于2kg。

污染带前锋到达哈尔滨市前，在布设监测断面上，我们在松花江哈尔滨市水源地上游分别布设了距水源地73km的88号兆，32km的太平镇和16km的苏家屯3个监测断面。其中，88号兆和太平镇断面为监视性断面，苏家屯断面为固定断面。并在市内的朱顺屯、公路大桥、东江桥、呼兰河口下和大顶子山等处设立监视性监测断面，随机监测污染带在哈尔滨江段的迁移变化。污染带通过哈尔滨市后，设立巴彦港、木兰摆渡、通河镇和达连河监测断面，其中木兰摆渡和达连河断面为固定监测断面，其他为监视性监测断面。整个监测工作中，固定监测断面3个，监视性监测断面9个。监测垂线为水面下0.5m，每个监测断面分左、中、右3个监测点。

（2）底泥采样布点。采样点位为水质采样垂线的正下方。当正下方无法采样时，可略作移动，移动的情况应在采样记录表上详细注明。

3.监测因子的确定

在应急监测工作中，确定硝基苯为监测因子。

4.监测方法的选择

（1）前处理。冰样：冰样采集后在0～4℃自然融化。底泥：前处理方法为索氏提取或超声波萃取法。

（2）监测方法。采用吹脱捕集气相色谱法。

5.监测仪器

在松花江哈尔滨水污染监测工作中，出动监测采样车辆8台，运用了色质联机2台，傅立叶红外气体分析仪1台，应急监测车1辆。承担分析工作的主要仪器为GCMS-QP5050A型气质联用仪。

（三）水质监测结果与评价

1.监测因子与方法

监测因子为苯、硝基苯。监测方法为吹脱捕集气相色谱法。

2.监测结果与评价

苏家屯断面位于松花江哈尔滨水源地上游16km处，对其进行监测可以推算出污染带到达水源地的时间，使水源地有充足的时间采取反应措施。通过对苏家屯断面的应急加密监测发现，该断面硝基苯于11月23日19时30分定性检出，硝基苯浓度从11月24日3时开始超标（标准为0.017mg/L），随后浓度急剧上升，至11月25日0时浓度达到最大，为0.5805mg/L，超标33.15倍，其后硝基苯浓度平稳下降，至11月26日20时降为不超标。硝基苯浓度超标历时65h，其间变化趋势明显，下降过程较上升过程缓慢，持续时间较长，很好地反映了污染带的迁移变化过程。苯从11月24日3时开始检出，至11月26日14时降为未检出，11月24日23时样品苯浓度最大，为0.0103mg/L，超标0.03倍（标准为0.01mg/L），其余样品均未超标。

（四）松花江水生生物监测结果与评价

1.松花江水生生物群落监测结果与分析

为了解硝基苯污染对松花江中水生生物群落的影响，在污染带到来前和污染带通过后对松花江苏家屯断面的原生动物、藻类群落进行了多次监测。监测结果显示，污染带流经期间水中原生动物和藻类优势种群没有明显的变化。分析其原因，在硝基苯污染带流经苏家屯断面时，松花江水温较低，正处于江水结冰期，江水中的原生动物和藻类大多处于休眠状态，因而水中原生动物、藻类的种类和数量都较低，对高浓度硝基苯污染带的应激反应表现不明显。

2.硝基苯污染对松花江鱼类的影响监测

为了解硝基苯污染对松花江中野生鱼类的影响，分别于12月1日和12月15日，即高浓度硝基苯污染带通过哈尔滨市后第5天和第20天，在苏家屯断面采集了松花江野生鱼类。尤为重要的是，在当地一鱼贩家中，采集到该鱼贩收集的于污染带到达前在松花江苏家屯断面捕获的松花江野生鱼类，作为对照。我们选择中下层鱼类鲤鱼作为实验品种，抽取其血液，做了高铁血红蛋白含量指标的检测。

三组数据分别配对进行检验，结果表明，12月1日污染后鲤鱼体内高铁血红蛋白含量与污染前鲤鱼体内高铁血红蛋白含量的差异达到显著水平，12月15日污染后鲤鱼体内高铁血红蛋白含量与12月1日污染后鲤鱼体内高铁血红蛋白含量的差异达到显著水平，12月15日污染后鲤鱼体内高铁血红蛋白含量与污染前鲤鱼体内高铁血红蛋白含量的差异不显著。也就是说，鲤鱼体内的高铁血红蛋白含量在高浓度硝基苯污染带过境5天后与污染前相比显著升高，随后由于鲤鱼自身的新陈代谢作用，其体内的高铁血红蛋白含量在污染带过境20天后与污染带过境5天时相比显著降低，已经恢复到污染前的水平。

（五）底泥监测结果与评价

1.监测因子与方法
监测因子为苯、硝基苯。监测方法为吹脱捕集气相色谱法。

2.监测结果与评价
在硝基苯污染带到达之前，在苏家屯断面采集了底质样品3个，苯和硝基苯均未检出。硝基苯污染带经过该断面后，先后共采集了底质样品9个，其中1个样品硝基苯定性检出，其他8个样品硝基苯均未检出；苯未检出。分析其原因，一是松花江底质以沙质为主，江水流速很快，在主江道上水中的悬浮物根本无法沉积。水中的沉积物只能在个别的滞水区和缓冲区沉积。而这样的区域在整个松花江中所占的面积很小，这也导致了我们采集底泥非常困难。二是污染事故发生后，上游的丰满水库加大了放流量，使江水前后落差达1.5m左右，加大了对个别滞水区和缓冲区沉积底泥的冲刷力度，导致沉积的部分底泥随水流走。三是高浓度硝基苯污染带过境只有两天多时间，沉入底泥的硝基苯非常有限。

（六）总结与思考

1.科学设立预警监测断面
在此次应急监测工作中，在松花江哈尔滨水源地上游16km的苏家屯和依兰县达连河镇布设的预警监测断面，准确地监测了污染带的通过情况，为哈尔滨市关闭和重新开启水源地取水口提供了准确、充分的反应时间，为保证哈依煤气气化厂正常生产，确保哈尔滨市的煤气供应提供了详尽的科学数据。

2.科学选择监测项目与频次

应急监测工作应有前瞻性，所选择的监测项目、频次既要为公共管理服务，又要为后续的环境影响评估和生态环境恢复积累基础数据资料。此次应急监测工作，不仅监测了松花江水中苯和硝基苯的浓度，而且监测了松花江中水生生物指标、底质和冰层中的污染物浓度、沿江水井中的污染物浓度，为政府决策提供了及时准确的监测数据，同时为后续的松花江水污染环境影响评估和生态环境恢复积累了大量翔实可靠的基础数据资料。

3.加强监测数据的质量控制

应急监测工作要求反应快速敏捷，及时准确地提供监测数据。监测数据的准确尤为重要，否则就会前功尽弃。在此次应急监测工作中，一直按照质量体系有条不紊地进行，从采样–样品交接–样品分析–数据上报–数据存档全过程加强质控工作，有力地保证了监测结果的科学性和准确性。

二、交通事故引发的突发环境事故

事故名称：九寨沟县白水江甲苯–二异氰酸酯翻车污染事故

事故概要：2013年5月13日晚，一辆货车装载着84桶易燃易爆危险化学药品甲苯–二异氰酸酯（简称TDI）在九寨沟县某乡境内发生侧翻事故，车上21桶TDI掉入白龙江支流的汤珠河中，司机逃逸，未及时报警；事故翻车地点是白水江的支流，位于甘肃省文县县城的上游，18km后该河流进入文县，严重威胁其饮用水水源安全。5月14日15：00，甘肃省环境监测站领导接到省厅电话通知后，立即与省监察总队和当地环保局联系了解情况后，得知21桶TDI已被成功打捞上岸19桶，打捞上岸的19桶均有不同程度破损，有TDI进入水体，余下2桶未找到。省站应急监测人员一组直接前往事故现场开展事发地附近河段及出省断面污染情况的调查和应急监测；另外一组前往入境断面开展监测，监视污染水团入境的情况。监测结果表明白水江水系部分江段地表水中甲苯–二异氰酸酯有检出，但不会对饮用水安全造成影响，虽有两桶甲苯–二异氰酸酯下落不明，且事发点到距下游入境断面之间共有三个电站，现场监测电站的水流量为80m³/s，初步估算三个电站的储水量约20亿m³，且水量会随着丰水期的来临逐渐增大，所以，无论这两桶甲苯−二异氰酸酯已经泄漏或正在泄漏，都不会对电站下游水环境，特别是饮用水安全造成影响。土壤中未检出甲苯−二异氰酸酯，没有造成土壤的污染。

（一）应急监测启动

1.应急接报

5月13日晚，一辆货车装载着84桶易燃易爆危险化学药品甲苯−二异氰酸酯（简称TDI）在九寨沟县某乡境内发生侧翻事故，车上21桶TDI掉入白龙江支流的汤珠河中，司机逃逸，未及时报警。5月14日15：00，省站站长接到省厅电话通知后，立即与省监察总队和当地环保局联系了解事故情况，得知21桶TDI已被成功打捞上岸19桶，打捞上岸的19桶均有不同程度破损，有TDI进入水体，余下2桶未找到。

2.现场情况

事故翻车地点地势较为开阔，方圆200m内没有居民，人为活动较少，该河是白水江的支流，位于甘肃省文县县城的上游，18km后该河流进入文县，严重威胁其饮用水水源安全，影响八个乡镇约6万人的日常生活。白水江在甘肃境内流经150km后，在青川县的姚渡镇再次进入四川。

3.污染物特性

甲苯−二异氰酸酯的沸点为250℃，在常温下为一种水白色或淡黄色液体，20℃时的饱和蒸气压为1.4Pa（饱和蒸气压下气态浓度可达100mg/m³），属蒸发性不强的化学品；不溶于水，但容易与包含有活泼氢原子的化合物，如胺、水、醇、酸、碱发生反应，并放出大量热，具有强烈的刺激性气味。从毒性指标看，经口服的半致死剂量为5800mg/kg，为低毒化学品；经吸入的半致死浓度为126mg/m³（接触2h），从吸入毒性看是高毒性化学品。我国尚无甲苯−二异氰酸酯的相关标准。其水解可生成二氨基甲苯、苯并咪唑酮、四氢喹啉等，水解产物中二氨基甲苯的毒性最强。

（二）应急监测方案

1.人员分工

5月14日15：30，省站站长和分管副站长分别带领一组省站应急监测人员奔赴现场，一组直接前往事故现场，开展事发地附近河段及出省断面污染情况的调查和应急监测；另外一组前往入境断面姚渡镇开展监测，监视污染水团入境的情况；实验室立即展开甲苯–二异氰酸酯分析方法的调试；并同时安排九寨沟县环境监测站对白水江主要影响断面进行采样。

2.监测布点及方案

在汤珠河和白水江上布设了12个监测断面，断面主要布设在事发地的汤珠河的上下游、汤珠河与白水江汇合口的上下游、出川断面水沟坪、文县县城水厂上下游、碧口电站和入川断面姚渡镇。采样后样品送省站实验室对甲苯–二异氰酸酯和包括二氨基甲苯在内的4个主要水解产物进行分析。

3.监测因子的确定

根据事故发生现场及污染物的特征，我们认为甲苯–二异氰酸酯泄漏到环境中后，会立即与空气和土壤中的水分发生反应，对当地的空气和土壤造成局部、暂时的污染，其对水体的影响是主要的。由于其极强的水解性质，甲苯–二异氰酸酯对水体的污染将以甲苯–二异氰酸酯单体和其水解产物的形式出现，其中危害最大的污染物不是甲苯–二异氰酸酯本身，而是其水解产物之一的二氨基甲苯。

4.监测方法的选择

采用在现有的针对甲苯–二异氰酸酯的气相色谱法基础上，结合EPA8270C方法调试开发的，针对甲苯–二异氰酸酯及其水解产物的，基于选择离子扫描的气相色谱质谱联用法，并对事发现场受污染土壤进行采样分析。

5.监测仪器

实验室分析仪器为AgilentGC（6890N）–MS（5973i）。

（三）应急监测步骤

1.现场调查

及时了解泄漏TDI的打捞情况、该水系干流及相关支流流量的变化情况等。

2.现场监测

现场监测项目主要为河流流量，应急监测人员在采样的同时，使用多普勒流量计进行测流。

（四）监测结果与污染评估

从白水江水系12个监测断面的106个样品监测结果分析，白水江水系部分江段仅受到轻微污染。事故特征污染物在事故发生点到白水江水沟坪电站断面长约28km的水体中有检出，其最高浓度出现在水沟坪电站断面，甲苯–二异氰酸酯浓度为0.25mg/L，二氨基甲苯浓度为1.2μg/L，约为苏联标准限值的千分之一，未对水生生物和人畜饮水产生危害，不影响饮用水安全。

虽有两桶甲苯–二异氰酸酯下落不明，根据河道情况勘察分析及污染物的化学特性且事发点到下游入境断面之间共有三个电站，现场监测电站的水流量为80m³/s，初步估算三个电站的储水量约20亿m³，且水量会随着丰水期的来临逐渐增大，所以，无论这两桶甲苯–二异氰酸酯已经泄漏或正在泄漏，都不会对电站下游水环境，特别是饮用水安全造成影响。

从土壤的污染情况来看，对泄入土壤的甲苯–二异氰酸酯进行水泥覆盖以促使甲苯–二异氰酸酯分解为无害产物后，进行取样监测发现，处置后的土壤中未检出甲苯–二异氰酸酯，没有造成土壤的污染。

（五）总结与思考

通过本次污染事故，主要得出以下结论：

1.准确把握污染特性是做好环境应急监测的前提

在本次环境应急监测中，准确把握了甲苯–二异氰酸酯的水解特性，及时、准确地认定了受污染的主要环境对象是水体，确定了应急监测的重点；准确掌握了甲苯–二异氰酸酯及其水解产物的毒理性质，并在此基础上科学地确定了以甲苯–二异氰酸酯及其水解产物为监测指标。

2.事前的监测技术储备是做好环境应急监测的关键

在本次环境应急监测中，之所以能够及时、科学、有效地开展特征污染物甲苯–二异氰酸酯及其水解产物的分析，在于之前已经开展过甲苯–二异氰酸酯的分析，拥有甲苯–二异氰酸酯的标准物质，建立了基于气相色谱的分析方法，同时，分析人员具备了研究开发分析方法的能力。

参考文献

[1]王金南，陆军，何军. 中国环境规划与政策[M]. 北京：中国环境出版社，2019.

[2]生态环境部环境规划院. 国家"十三五"生态环境保护规划研究[M]. 北京：中国环境出版集团，2020.

[3]樊杰. 国土空间规划研究[M]. 西安：陕西科学技术出版社，2020.

[4]张京祥，黄贤金. 国土空间规划原理[M]. 南京：东南大学出版社，2021.

[5]顾朝林，武廷海，刘宛. 国土空间规划前沿[M]. 北京：商务印书馆，2019.

[6]盛连喜. 环境生态学导论[M]. 北京：高等教育出版社，2020.

[7]徐正刚，何娜. 环境生态学基础[M]. 北京：中国国际广播出版社，2020.

[8]王德全，咸宝林. 城乡生态与环境规划[M]. 北京：中国建筑工业出版社，2018.

[9]任亮，南振兴. 生态环境与资源保护研究[M]. 北京：中国经济出版社，2017.

[10]王金南，万军，秦昌波，等. 国家"十四五"生态环境保护规划研究：思路与框架[M]. 北京：中国环境出版集团，2022.

[11]匡开宇. 核电厂辐射环境监督性检测系统运行与维护管理[M]. 北京：中国电子能出版社，2019.

[12]科舍廖夫，别里钦科，布扬诺夫. 超宽带电磁辐射技术[M]. 李国政，译. 北京：国防工业出版社，2018.

[13]汤仕平. 系统电磁环境效应试验[M]. 北京：国防工业出版社，2019.

[14]李祥明. 电磁辐射与电磁环境监督管理[M]. 北京：中国环境出版社，2019.

[15]宁健，王东. 工频电磁环境管理[M]. 北京：中国环境出版集团，2019.

[16]尚爱国.核辐射探测与防护[M].西安：西北工业大学出版社，2017.

[17]李小华.电离辐射与辐射事故分析[M].北京：中国原子能出版社，2019.

[18]陈志.电离辐射防护基础[M].北京：清华大学出版社，2020.